烹饪教程真人秀

下厨必备的
滋补汤煲分步图解

甘智荣 主编

吉林科学技术出版社

图书在版编目（ＣＩＰ）数据

下厨必备的滋补汤煲分步图解 / 甘智荣主编 . -- 长
春：吉林科学技术出版社，2015.7
（烹饪教程真人秀）
ISBN 978-7-5384-9538-6

Ⅰ．①下… Ⅱ．①甘… Ⅲ．①汤菜－菜谱－图解
Ⅳ．① TS972.122-64

中国版本图书馆 CIP 数据核字 (2015) 第 165811 号

下厨必备的滋补汤煲分步图解

Xiachu Bibei De Zibu Tangbao Fenbu Tujie

主　　编　甘智荣
出 版 人　李　梁
责任编辑　李红梅
策划编辑　吴文琴
封面设计　郑欣媚
版式设计　谢丹丹
开　　本　723mm×1020mm　1/16
字　　数　220千字
印　　张　16
印　　数　10000册
版　　次　2015年9月第1版
印　　次　2015年9月第1次印刷
···
出　　版　吉林科学技术出版社
发　　行　吉林科学技术出版社
地　　址　长春市人民大街4646号
邮　　编　130021
发行部电话/传真　0431-85635177　85651759　85651628
　　　　　　　　　　　　　　85677817　85600611　85670016
储运部电话　0431-84612872
编辑部电话　0431-86037576
网　　址　www.jlstp.net
印　　刷　深圳市雅佳图印刷有限公司
···
书　　号　ISBN 978-7-5384-9538-6
定　　价　29.80元

目录
contents

PART 3　　浓香畜肉汤，美味健体好搭配

PART 1
下厨必备的煲汤秘诀

　　一碗好汤，可以在寒冷的冬天温暖你的肠胃，也可以在炎热的夏天刺激你的食欲。现代人对于饮食健康越来越重视，能够煲一锅既营养又美味的靓汤绝对是一件值得炫耀的本领，但对不擅于此道的人来说，烹饪出一锅好汤往往就成了一件令人头疼的事情。那么，从本章开始，我们一起来了解煲汤的秘诀，煲一手好汤，彻底征服吃货的胃吧！

选对器具，好汤驾到

"工欲善其事，必先利其器"，煲一锅好汤当然需要一套合适的器具了。下面将为大家介绍煲汤常用的各种器具。

汤锅

汤锅是家中必备的煲汤器具之一，有不锈钢和陶瓷等不同材质，可用于电磁炉。若要使用汤锅长时间煲汤，一定要盖上锅盖慢慢炖煮，这样可以避免过度散热。

汤勺

汤勺可用来舀取汤品，有不锈钢、塑料、陶瓷、木质等多种材质。煲汤时可选用不锈钢材质的汤勺，既耐用，又易保存。塑料汤勺虽然轻巧隔热，但长期用于舀取过热的汤品，可能产生有毒化学物质，因此不建议长期使用。

漏勺

漏勺可用于食材的汆水，多为铝制。煲汤时可用漏勺取出汆水的肉类食材，方便又快捷。

滤网

滤网是制作高汤时必须用到的器具之一。制作高汤时，有一些油沫和残渣，用滤网便可以将这些杂质滤出，让汤品既美味又美观。也可在煲汤完成后用滤网滤去表面油沫和汤底残渣。

瓦罐

地道的老火靓汤煲制时多选用质地细腻的砂锅瓦罐。其保温能力强，但不耐温差变化，主要用于小火慢熬。新买的瓦罐第一次应先用来煮粥或是锅底抹油放置一天后再洗净煮一次水。经过这道开锅手续的瓦罐使用寿命会更长。

入汤好食材

　　制作靓汤必须选择新鲜、有营养的食材，而无论是蔬菜还是肉类、海鲜，都有其特别的功效。下面将为大家详细讲解这些常用原料的特殊营养功效，让你轻松做出鲜美营养靓汤。

◎蔬菜

玉米

营养功效： 玉米含蛋白质、糖类、钙、磷、铁、硒、镁、胡萝卜素、维生素E等营养元素，具有开胃益智、宁心活血、调理中气等功效。玉米还能降低血脂，对于高血脂、动脉硬化、心脏病的患者有助益，并可延缓人体衰老、预防脑功能退化、增强记忆力。

选购窍门： 玉米以整齐、饱满、无缝隙、色泽金黄、表面光亮者为佳。

煲汤技巧： 煲汤时加入整根玉米或者将玉米切成小段熬煮即可。

冬瓜

营养功效： 冬瓜含有矿物质、维生素等营养成分，具有清热解毒、利水消肿、减肥美容的功效。

选购窍门： 最好选择外形完整、无虫蛀、无外伤的新鲜冬瓜。

煲汤技巧： 冬瓜最好切大块，放入锅中和其他原材料慢火煲至熟烂即可。

白萝卜

营养功效： 白萝卜含有蛋白质、糖类、B族维生素和大量的维生素C，以及铁、钙、磷、芥子油和淀粉酶等营养成分。白萝卜还含有大量的植物蛋白和叶酸，可洁净血液和皮肤，同时还能降低胆固醇含量，有利于维持血管的弹性。

选购窍门： 以白萝卜皮细嫩光滑，比重大，用手指轻弹，声音沉重、结实的为佳，如声音混浊则多为糠心。

煲汤技巧： 白萝卜味道鲜甜，用来煲汤可以增加汤的鲜味，因此不可加太多调味料，以免影响汤的味道。

莲藕

营养功效： 莲藕含有葡萄糖、天冬碱、蛋白质、蔗糖、葫芦巴碱等，还有丰富的钙、磷、铁及多种维生素。莲藕具有滋阴养血的功效，可以补五脏之虚、强壮筋骨、补血养血。

选购窍门： 要选择两端的节很细、藕身圆而笔直、用手轻敲声音厚实、皮颜色为淡茶色、没有伤痕的莲藕。

煲汤技巧： 用莲藕煲汤时，最好切成大块，用小火慢煲至莲藕熟透。

◎畜肉

猪肉

营养功效： 猪肉含有蛋白质、脂肪、碳水化合物、磷、钙、铁、维生素B_1、维生素B_2、烟酸等成分。猪肉性微寒，味苦，入脾、肾经，有滋养脏腑、滑润肌肤、补中益气、滋阴养胃的功效。

选购窍门： 选购猪肉时，要选择肌肉有光泽、红色均匀，不黏手，嗅之气味正常的新鲜猪肉。

煲汤技巧： 煲猪肉汤最好用小火慢炖，这样炖出来的猪肉汤原汁原味，更富有营养。

猪骨

营养功效： 猪骨含有蛋白质、脂肪、维生素及磷酸钙、骨胶原等营养成分。猪骨具有补脾、润肠胃、生津液、丰机体、补中益气、养血健骨的功效。儿童常喝骨头汤能及时补充生长发育所必需的骨胶原等物质，增强骨髓的造血功能。

选购窍门： 应挑选富有弹性、且肉呈红色的新鲜猪骨。

煲汤技巧： 煲骨头汤前一定要先将猪骨入沸水锅中汆去血水。煲汤时，如果在汤内放点醋，可促进骨头中的蛋白质及钙、磷、铁等矿物质的溶解。此外，醋还可以防止食物中的维生素被破坏，使汤的营养价值更高，味道更鲜美。

猪蹄

营养功效： 猪蹄含有脂肪和碳水化合物，并含有维生素A、维生素D、维生素E、维生素K及钙、磷、铁等营养成分。猪蹄具有补虚弱、填肾精等功效，对延缓衰老和促进儿童生长发育具有特殊作用，对老年人神经衰老等症有良好的改善作用。

选购窍门： 要选择肉色红润均匀、洁白有光泽、肉质紧密的新鲜猪蹄。

煲汤技巧： 煲猪蹄汤时先用大火烧开，继续用大火烧20分钟，可以使汤色发白。

猪肺

营养功效： 猪肺含蛋白质、脂肪、维生素B_1、维生素B_2、钙、磷、铁、烟酸等营养成分，具有补肺、止咳、止血的功效。

选购窍门： 要选择颜色稍淡的新鲜猪肺，不要购买红色的，因为用充血的猪肺炖出来的汤会发黑。

煲汤技巧：先将切块后的猪肺同姜片炒香，再放入汤煲中加水煮沸，再加些蔬菜，如白萝卜、白菜干等同煲至熟即可。

猪肚

营养功效：猪肚含有蛋白质、脂肪、维生素A、维生素E、钙、钾、镁、铁等营养成分，具有补虚损、健脾胃的功效。

选购窍门：要选购黄白色的、手摸劲挺、黏液多、肚内无块和颗粒、弹性足的猪肚。

煲汤技巧：煲猪肚汤时加入适量生姜可以有效地去除腥味。

牛肉

营养功效：牛肉含有蛋白质、脂肪、维生素B_1、维生素B_2、钙、磷、铁等营养成分，还含有多种特殊的成分，如肌醇、黄嘌呤、次黄质、牛磺酸等。牛肉性温平，味甘，有补中益气、滋养脾胃、强健筋骨、化痰息风、止渴止涎的功效。

选购窍门：新鲜牛肉有光泽，肌肉红色均匀，肉的表面微干或湿润，不黏手。

煲汤技巧：炖牛肉时，将一小撮用纱布包好的茶叶放入锅中，与肉同煮，牛肉很快就能炖熟炖烂，并且不会影响牛肉的味道。或者在切好的牛肉块上涂干芥末，放置几小时后用冷水洗净再炖，牛肉也容易熟烂。如果煮时再放一些酒或醋，会更快煮烂。

羊肉

营养功效：羊肉含有丰富的蛋白质、脂肪，还含有维生素B_1、维生素B_2及钙、磷、铁、钾、碘等营养成分。羊肉大热，味苦、甘，入脾、肾经，为益气补虚、温中暖下之品，对虚劳羸瘦、腰膝酸软、产后虚寒腹痛、寒疝等皆有较显著的补益功效。

选购窍门：新鲜羊肉肉色鲜红而均匀，有光泽，肉质细而紧密，有弹性，外表略干，不黏手。

煲汤技巧：炖羊肉时，在锅里放点食用碱，羊肉便很容易煮烂。

羊骨

营养功效：羊骨含有磷酸钙、碳酸钙、骨胶原等成分。其性温，味甘，有补肾、强筋的作用，对再生不良性贫血、筋骨疼痛、腰软乏力、白浊、淋痛、久泻、久痢等病症有补益功效。

选购窍门：选购羊骨时，一定要选择肉色鲜红而且均匀，有光泽，肉细而紧密，有弹性，外表略干，不黏手，气味新鲜，无其他异味的新鲜羊骨。

煲汤技巧：羊骨剁块后要先汆去血水和血沫，再入锅中用大火炖2小时便可。

◎禽蛋

鸡肉

营养功效：鸡肉含有蛋白质、脂肪、碳水化合物、维生素B_1、维生素B_2、烟酸、钙、磷、铁、钾、钠、氯、硫等营养成分，具有温中益气、补精填髓、益五脏、补虚损的功效。冬季多喝些鸡汤可增强免疫力。

选购窍门：新鲜的鸡肉肉质紧密，颜色呈干净的粉红色且有光泽。

煲汤技巧：鸡肉与药膳同煮，营养更全面。带皮的鸡肉含有较多的脂肪，所以较肥的鸡应该去掉鸡皮再烹制。鸡杀好后放5～6小时，待鸡肉表面产生一层光亮的薄膜再下锅煮，味道更美；先将水烧开，再放鸡肉，炖的汤更鲜；用盐腌渍过的鸡肉，冷水时放进锅炖好些。

乌鸡

营养功效：乌鸡含有人体不可缺少的赖氨酸、蛋氨酸和组氨酸，有相当高的滋补药用价值。乌鸡还富含具有极高滋补药用价值的黑色素，有滋阴、补肾、养血、添精、益肝、退热、补虚的作用，能调节人体免疫功能和抗衰老。

选购窍门：选购乌鸡时，以骨和肉都是黑色的为佳。

煲汤技巧：乌鸡连骨（砸碎）熬汤，滋补的效果最佳。炖煮时最好不用高压锅，使用砂锅小火慢炖最好。

鸭肉

营养功效：鸭肉含有蛋白质、B族维生素、维生素E及铁、铜、锌等营养成分，具有养胃滋阴、清肺解热、大补虚劳、利水消肿等功效。

选购窍门：要选择肌肉新鲜、脂肪有光泽的鸭肉。

煲汤技巧：炖鸭肉的时间须在2小时以上，因为这样汤料的味才能熬出来。此外，炖老鸭时，为了使老鸭熟烂得更快，可将几只螺蛳一同入锅烹煮，这样会炖得更酥烂。

鹌鹑

营养功效：鹌鹑含有蛋白质、卵磷脂、维生素A、维生素B_1、维生素B_2、维生素P及铁、钙、磷等营养成分，具有补五脏、益精血、温肾助阳等功效。鹌鹑肉中的维生素P有预防高血压及动脉硬化的功效。

选购窍门：好的鹌鹑胸肉肥厚，羽毛齐全而有光。

煲汤技巧：鹌鹑切块后放入热油锅中与姜丝同炒片刻，再倒入汤煲中慢火煲3个小时。

◎水产

鲫鱼

营养功效：鲫鱼含有蛋白质、脂肪、钙、铁、锌、磷及多种维生素，具有补阴血、通血脉、补体虚，以及益气健脾、利水消肿、清热解毒等功效。鲫鱼肉中富含的蛋白质易于被人体吸收，而且氨基酸含量也很高，所以对促进智力发育、降低胆固醇和血液黏稠度、预防心脑血管疾病有明显的作用。

选购窍门：鲫鱼要买身体扁平、颜色偏白的，肉质会很嫩。新鲜的鲫鱼眼略凸，眼球黑白分明，眼面发亮。

煲汤技巧：鲫鱼处理干净后放入锅中煲至熟，火候要掌握好，而且时间不宜太长，否则鱼肉太烂会影响口感。此外，可在锅内滴入几滴鲜奶，不仅可令汤中鱼肉白嫩，而且汤的滋味更为鲜美。

生鱼

营养功效：生鱼含有不饱和脂肪酸、氨基酸、钙、铁、磷等营养成分，以及能增强人类记忆力的微量元素，具有补气血、健脾胃、强身健体、延缓衰老等功效。

选购窍门：应挑选体表光滑、黏液少的生鱼。

煲汤技巧：煲生鱼汤前，最好先将生鱼两面煎一下，这样可让鱼皮定结，再放入锅中煲就不易碎烂了，而且还不会有腥味。

鱼头

营养功效：鱼头含有蛋白质、碳水化合物、多种维生素、组织蛋白酶A、组织蛋白酶B、组织蛋白酶C、钙、铁、磷、谷氨酸等营养成分，具有提神健脑、增强免疫力的功效。

选购窍门：选购时以新鲜的鲢鱼或草鱼鱼头为佳。

煲汤技巧：煲鱼头汤前，要先将鱼头对半切开，再放入锅中慢火煮至沸腾。

鲤鱼

营养功效：鲤鱼营养价值很高，特别是含有极为丰富的优质蛋白质，而且容易被人体吸收，利用率高达98%，可供给人体必需的氨基酸。

选购窍门：鲤鱼体呈纺锤形、青黄色，最好的鱼游在水的下层，呼吸时鳃盖起伏均匀。

煲汤技巧：鲤鱼两边背脊的皮内各有一条似白线的筋，在烹制前要把它抽出，一是因为它的腥味重，二是它属强发性物（俗称"发物"），特别不适于某些病人食用。

大厨献巧技

　　在制作汤品的过程中，往往会遇到各种意外状况，让汤的口感大打折扣。那么，如何让汤品更美味、更美观呢？下面大厨为你献上几个制汤小技巧，让煲出美味的汤品不再是难事！

汤太咸怎么补救

　　很多人都有过这样的经历，做汤过程中，一不小心盐放多了，汤变得很咸。硬着头皮喝吧，实在难入口，倒掉又很可惜。怎么办呢？只要用一个小布袋，里面装进一把面粉或者大米，放在汤中一起煮，咸味很快就会被吸收进去，汤自然就变淡了。也可把一个洗净去皮的生土豆放入汤内煮5分钟，汤也会变淡。

汤太油怎么补救

　　有些含脂肪多的原料煮出来的汤特别油腻，遇到这种情况，一种办法是使用市面上卖的滤油壶，把汤中过多的油分滤去。如果手头上没有滤油壶，可采用第二种办法，将少量紫菜置于火上烤一下，然后撒入汤内，紫菜可吸去过多油腻。

浓汤如何去沫

　　做猪蹄汤、排骨汤时，汤面常有很多泡沫出现。应先将汤上的泡沫舀去，再加入少许白酒，可分解泡沫，又能改善汤的色、香、味。汤中加入适量的菠菜，同样可达到去沫的效果。此时的菠菜也非常可口，菠菜与酒并加，效果就更佳，可使去沫速度加快。

汤汁如何变浓

　　在没有鲜汤的情况下，要使汤汁变浓，一是在汤汁中勾上薄芡，使汤汁增加稠厚感；二是加油，令油与汤汁混合成乳浊液，方法是先将油烧热，冲下汤汁，盖严锅盖用旺火烧，不一会儿，汤就变浓了。

排骨汤如何增鲜

　　排骨汤味道鲜美，煮汤时，如在汤内放点醋，可促进骨头中的蛋白质及钙、磷、铁等矿物质的溶解。此外，醋还可以防止食物中的维生素被破坏，使汤的营养价值更高，味道更鲜美。

如何使鱼汤更鲜美

　　烹煮鱼汤的时候，可在锅内滴入几滴鲜奶，不仅可令汤中鱼肉白嫩，而且鲜汤滋味更为鲜美。或者将洗净的鲜鱼放入油锅中煎至两面微黄后再煮，可使鱼肉中的蛋白质更容易析出。

煲汤有奥秘

　　很多人喜欢在家煲汤,但是往往不得要领。下面我们介绍一些煲汤的小奥秘,让你煲出鲜美的汤以飨家人。

炊具选瓦罐

好汤的制作还要借助一个好的煲汤工具,而陈年瓦罐则是煲汤的最佳选择。

瓦罐是由不易传热的石英、长石、黏土等原料配合成的陶土,经过高温烧制而成,其通气性、吸附性好,还具有传热均匀、散热缓慢等特点。煨制鲜汤时,瓦罐能均衡而持久地把外界热能传递给内部原料。相对平衡的环境温度有利于水分子与食物的相互渗透,这种相互渗透的时间维持得越长,鲜香成分就溢出得越多,煨出的汤滋味也就越鲜醇,食材的质地就越酥烂。

合理用水

水是煲汤的关键,它既是传热的介质,更是食物的溶剂。水温的变化、用量的多少对汤的风味有着直接的影响。

人们在煲汤时容易犯的错误之一就是加水不够,导致中途加水,影响汤的风味。一般而言,煲汤时的水量至少为煨汤食材重量的3倍。同时,应使食材与冷水共同受热,不直接用沸水煨汤,如果中途确实需要加水,应以热水为好,不要加冷水,以便使食材中的营养物质缓慢地溢出,最终达到汤色清澈、营养丰富的效果。

善用原汤、老汤,展现原滋原味

多数煲汤的原料本身都具有独特的鲜美滋味,这种滋味就叫本味,保持食物的本味是烹调的秘诀,而原汤、老汤中就包含了这种本味,所以煲汤时要善用原汤、老汤,没有原汤就没有原味。

原汤、老汤在煲汤中经常用到,如炖排骨前将排骨放入开水锅内余水时所用之水,就是原汤。如嫌其浑浊而倒掉,就会使排骨失去原味,如将这些水煮开除去浮沫污物,用此汤炖排骨,才能真正炖出原味。

蔬菜煲汤要注意

有些蔬菜中含有丰富的维生素C,但是,在烹调时60～80℃的温度就易引起维生素的流失。煲汤时食材温度长时间维持在85～100℃,因此,若在汤中添加含有维生素C的蔬菜,应该随放随吃,这样才能减少维生素C的破坏。

调味料投放有学问

制作老火靓汤时常用葱、姜、料酒、盐等调味料,主要起去腥、解腻、增鲜的作用。要先放葱、姜、料酒,最后放盐。如果过早放盐,就会使原料表面蛋白质凝固,影响鲜味物质的溢出,同时还会破坏溢出蛋白质分子表面的水化层,使蛋白质沉淀,汤色灰暗。

如何健康喝汤

很多人喝汤的时候都是随着自己的性子喝汤，想怎么喝，就怎么喝，想什么时候喝，就什么时候喝。殊不知，要想喝汤喝出营养、喝出健康，这其中大有学问。

饭前喝汤

正确的喝汤法是饭前先喝几口汤，将口腔、食道先润滑一下，以减少干硬食物对消化道黏膜的不良刺激，并促进消化腺分泌，起到开胃的作用。但是饭前喝汤不宜太多。过多喝汤，把胃撑得鼓鼓的，吃饭就没有了食欲。此外，大量汤水会把胃液稀释，影响正常消化。

汤要慢慢喝

慢速喝汤会给食物的消化吸收留出充足的时间，感觉到饱了时，就是吃得恰到好处时；而快速喝汤，等你意识到饱了时，可能摄入的食物已经超过了所需要的量。

太烫的汤不能喝

喝太烫的汤百害而无一利。人的口腔、食道、胃黏膜最高只能忍受60℃的温度，超过此温度则会造成黏膜烫伤。虽然烫伤后人体有自行修复的功能，但反复损伤又反复修复极易导致上消化道黏膜恶变。

喝汤也要吃汤渣

有人认为，用各种原料煮的汤，尤其是煨的时间较长的汤，汤很浓、味很鲜，汤中的渣嚼之乏味，人们以为营养成分都到汤里去了，故只喝汤而不吃渣。有人做过实验，用鱼、鸡、牛肉等高蛋白食物煮6小时后，看上去汤已经发白，并且很浓，但蛋白质的溶出率却只有6%～15%，即还有85%以上的蛋白质仍留在渣中。显然，只喝汤不吃渣是极大的浪费，久而久之还会导致营养不良。因此，除了只能吃流质食物的人以外，应将汤与渣一起吃下去。

PART 2
清新蔬果汤，
清爽瘦身齐上阵

　　想让自己更美丽、更健康，打造彩虹一般的人生吗？那你每天的饮食也得像彩虹一样，五颜六色、多彩多姿。一碗好汤成就健康人生，懂得保养的人都懂得煲汤。煲汤的食材不一定要名贵，只要用心去学，掌握煲汤的技巧，家常的蔬果也能成为你百变滋补汤羹的好食材。早上喝些蔬果汤，补充一夜睡眠后耗损的水分；中午喝些蔬果汤，代替少部分正餐，能有效地控制食欲，给人以饱腹感，有利于瘦身；晚餐喝些蔬果汤，缓解一天的压力，补充身体所需的营养。水嫩肌肤，减肥瘦身，就从喝蔬果汤开始吧！

做法

❶洗好的白菜切成段，备用。

❷锅中注清水烧开，倒入备好的白果、黄豆、香菇，拌匀。

❸盖上锅盖，烧开后用小火煮约20分钟至食材熟软。

❹揭开锅盖，倒入白菜，搅匀，煮至断生。

❺加入盐、鸡粉、胡椒粉，搅匀，关火后盛出煮好的汤料即可。

香菇白菜黄豆汤

▎烹饪时间：21分钟 ▎营养功效：开胃消食

原料

水发香菇60克，白菜50克，水发黄豆70克，白果40克

调料

盐2克，鸡粉2克，胡椒粉适量

制作指导：

香菇的菌盖里杂质较多，可用水尽量多冲洗一会儿。

金针菇菠菜汤

烹饪时间：3分钟 | 营养功效：增强免疫力

原料

金针菇100克，菠菜120克，姜片少许

调料

料酒5毫升，盐2克，鸡粉2克，胡椒粉2克

做法

①择洗好的菠菜切成段，待用。

②洗净的金针菇切去根部。

③热锅注油烧热，倒入姜片，爆香。

④淋入料酒，注入适量清水烧开。

⑤倒入菠菜，加入金针菇，搅拌匀。

⑥加入盐、鸡粉，搅匀，煮至入味。

⑦撒入胡椒粉，搅拌片刻。

⑧关火后将煮好的汤盛入碗中即可。

✗ 做法

❶ 锅中注水烧开，放入切好的香菇、玉米段和姜片，拌匀。

❷ 煮约15分钟至食材断生。

❸ 倒入洗净的菠菜和金针菇，拌匀。

❹ 加少许盐、鸡粉，拌匀调味。

❺ 用中火煮约2分钟至食材熟透,关火后盛出，装入碗中即可。

双菇玉米菠菜汤

▍烹饪时间：18分钟   ▍营养功效：降低血压

🌶 原料

香菇80克，金针菇80克，菠菜50克，玉米段60克，姜片少许

🍲 调料

盐2克，鸡粉3克

制作指导：

把香菇倒扣在水里，用筷子轻轻敲打，其中的泥沙就会掉入水中。

薏米南瓜汤

▌烹饪时间：147分钟　　▌营养功效：降低血脂

🌶 原料

南瓜150克，水发薏米100克，金华火腿15克，金华火腿末、葱花各少许

🍲 调料

盐2克

🍴 做法

❶洗净去皮的南瓜切片；把火腿切成片，备用。

❷取一个蒸碗，摆放好南瓜、火腿片。

❸砂锅中注入清水，倒入洗净的薏米。

❹盖上锅盖，用大火煮开后转小火煮2小时至熟。

❺揭盖，将薏米盛入南瓜和火腿片上，撒入盐，倒入薏米汤。

❻蒸锅中注入适量清水烧开，放入蒸碗。

❼盖上盖，用大火蒸25分钟至食材熟透。

❽揭开锅盖，取出蒸碗，撒上火腿末、葱花即可。

南瓜番茄土豆汤

▌烹饪时间：192分钟　▌营养功效：美容养颜

🌶️ 原料

南瓜、瘦肉各200克，土豆150克，番茄、玉米各100克，沙参、山楂、姜片各适量

🍲 调料

盐2克

🍴 做法

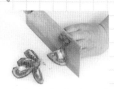
❶洗净的土豆切滚刀块；洗好的番茄去蒂，切小瓣。

❷洗净的南瓜切块；洗好的玉米切段；洗净的瘦肉切块。

❸锅中注水烧开，倒入瘦肉，汆煮片刻，捞出，沥干水分。

❹砂锅中放入水、瘦肉、土豆、南瓜、玉米、山楂、沙参、姜片。

❺搅拌均匀，大火煮开转小火煮3小时。

❻放入番茄，续煮10分钟至番茄熟透。

❼加入盐，搅拌片刻至入味。

❽盛出煮好的汤，装入碗中即可。

做法

❶砂锅中注入清水，
倒入花生、红枣。

❷盖上盖，大火煮开
后转小火煮10分钟至
食材熟软。

❸揭盖，放入切好的
南瓜、枸杞，拌匀。

❹盖上盖，转中小火
续煮15分钟至析出有
效成分。

南瓜花生红枣汤

▌烹饪时间：26分钟 ▌营养功效：增强免疫力

🌶 原料

南瓜片200克，花生20克，红枣6枚，
枸杞10克

🍲 调料

蜂蜜15克

制作指导：

南瓜片不宜切得太厚，
否则煮的时候不容易煮
熟透。

❺揭盖，倒入蜂蜜，
拌匀，关火后盛出煮
好的汤即可。

苦瓜银耳汤

▍烹饪时间：6分钟　▍营养功效：降压降糖

🌶 原料

苦瓜200克，水发银耳150克，葱花少许

🍲 调料

盐、鸡粉各2克，食用油适量

🍴 做法

❶将洗净的苦瓜去瓤，切成片。

❷洗好的银耳切去根部，再切成小朵。

❸锅中注水烧开，放入银耳，煮约1分钟。

❹捞出焯好的银耳，沥干水分，待用。

❺用油起锅，放入苦瓜片，大火炒匀，注入清水，煮1分钟。

❻倒入焯煮过的银耳，加入盐、鸡粉，搅拌匀。

❼盖上锅盖，用中火煮大约3分钟，至食材熟透。

❽取下盖子，盛出煮好的银耳汤，撒上葱花即成。

① 将苦瓜去瓜瓤，斜刀切块。

② 砂锅中注入适量清水，用大火烧开。

③ 倒入苦瓜，搅拌片刻，放入菊花。

④ 搅拌匀，煮开后略煮一会儿至食材熟透。

苦瓜菊花汤

▌烹饪时间：2分30秒 ▌营养功效：增强免疫力

🌶 原料

苦瓜500克，菊花2克

制作指导：

苦瓜的瓜瓤一定要刮干净，否则苦瓜的味道会太苦。

⑤ 关火，将煮好的汤盛出装入碗中即可。

✖ 做法

① 将洗净的鲜香菇切片，备用。

② 砂锅中注水烧热，倒入香菇片、芹菜叶、姜丝、葱丝。

③ 搅拌均匀，盖上盖，烧开后用小火煮约15分钟。

④ 揭盖，放入备好的粉丝，拌匀，加入少许盐、鸡粉。

⑤ 拌匀调味，用中火略煮一会儿至汤汁入味，关火盛出即可。

芹菜叶粉丝汤

▌烹饪时间：17分钟　　▌营养功效：开胃消食

🌶 原料

水发粉丝120克，鲜香菇55克，芹菜叶15克，姜丝、葱丝各少许

🍲 调料

盐2克，鸡粉少许

制作指导：

放入粉丝后，宜转大火煮，这样食材更易熟透。

木耳丝瓜汤

| 烹饪时间：3分30秒 | 营养功效：清热解毒

🌶️ 原料

水发木耳40克，玉米笋65克，丝瓜150克，瘦肉200克，胡萝卜片、姜片、葱花各少许

🍲 调料

盐3克，鸡粉3克，水淀粉、食用油各适量

🍴 做法

①将洗净的木耳切块；洗好的玉米笋先切块。

②去皮洗净的丝瓜切段；去皮洗好的胡萝卜切成片。

③将瘦肉洗净切片，放入盐、鸡粉、水淀粉、食用油腌渍。

④锅中注入适量清水烧开，加入食用油。

⑤放入少许姜片、木耳、丝瓜、胡萝卜、玉米笋，搅拌匀。

⑥放入适量盐、鸡粉，拌匀调味，用中火煮2分钟至熟。

⑦揭盖，倒入腌渍好的肉片，搅拌均匀，用大火煮沸。

⑧把汤料盛出，装入汤碗中，再放入葱花即可。

猴头菇冬瓜清凉补汤

烹饪时间：182分钟　营养功效：降低血脂

🌶 原料

冬瓜300克，水发猴头菇100克，玉米200克，排骨块350克，水发百合、水发薏米、芡实、红莲子、淮山、沙参、荷叶各适量

🍲 调料

盐2克

🍴 做法

❶洗净的冬瓜切块；洗好的玉米切段。

❷洗净的猴头菇切去根部。

❸锅中注入适量清水烧开，倒入排骨块，汆煮片刻。

❹关火后捞出汆煮好的排骨块，沥干水分，装盘备用。

❺砂锅中放入清水、排骨块、猴头菇、玉米、冬瓜、荷叶、百合。

❻放入芡实、红莲子、沙参、薏米、淮山，拌匀，煮3小时。

❼加入盐，稍稍搅拌至入味。

❽关火，盛出煮好的汤，装入碗中即可。

❶ 洗好的冬瓜去瓤，再切小块，备用。

❷ 砂锅中注入适量清水烧热。

❸ 倒入冬瓜、薏米，撒上姜片、葱段。

❹ 盖上盖，烧开后用小火煮约30分钟至熟。

薏米炖冬瓜

▌烹饪时间：31分钟　▌营养功效：清热解毒

🌶 原料

冬瓜230克，薏米60克，姜片、葱段各少许

🍲 调料

盐2克，鸡粉2克

制作指导：

薏米可用水泡发后再煮，这样能节省烹饪时间。

❺ 揭盖，加入盐、鸡粉，拌匀，关火后盛出煮好的汤料即可。

翠衣冬瓜葫芦汤

▌烹饪时间：3分钟 ▌营养功效：清热解毒

原料

西瓜片80克，葫芦瓜90克，冬瓜100克，红枣5克，姜片少许

调料

盐2克，鸡粉2克，料酒4毫升，食用油适量

做法

❶洗净的葫芦瓜切成片；处理好的西瓜片切成小块。

❷洗净去皮的冬瓜切块，切成片。

❸用油起锅，放入姜片，爆香。

❹淋入料酒，注入适量的清水烧开。

❺倒入西瓜块、红枣，加入葫芦瓜、冬瓜，搅拌均匀。

❻盖上锅盖，煮约2分钟至食材熟软。

❼掀开锅盖，放入盐、鸡粉，持续搅拌片刻，使其入味。

❽关火后将煮好的汤盛出装入碗中即可。

❶砂锅中注入高汤烧开，放入莴笋块、玉米段、胡萝卜块。

❷放入洗净切块的番茄，搅匀。

❸盖上锅盖，烧开后转小火煮约10分钟至食材断生。

❹打开锅盖，放入芹菜段和洋葱块，搅拌均匀。

玉米番茄杂蔬汤

| 烹饪时间：15分钟 | 营养功效：降低血压

🌶 原料

胡萝卜、番茄、玉米段、莴笋块各60克，芹菜20克，洋葱30克，高汤适量

🍲 调料

盐、鸡粉各2克

制作指导：

切洋葱前把刀放在冷水中浸一会儿，再切洋葱就不会刺激眼睛了。

❺加入鸡粉、盐，拌匀，用大火煮2分钟至熟透，盛出即可。

✗ 做法

❶ 洗净的番茄切成瓣，待用。

❷ 砂锅中注入适量的清水，用大火烧热。

❸ 倒入番茄、绿豆芽，加入少许盐。

❹ 搅拌匀，略煮一会儿至食材入味。

❺ 关火后将煮好的汤料盛入碗中即可。

番茄豆芽汤

▍烹饪时间：2分钟　　▍营养功效：开胃消食

🥄 原料

番茄50克，绿豆芽15克

🍲 调料

盐2克

制作指导：

绿豆芽不宜煮太久，以免失去其爽脆的口感。

白萝卜紫菜汤

■ 烹饪时间：3分钟 ┃ 营养功效：清热解毒

原料

白萝卜200克，水发紫菜50克，陈皮10克，姜片少许

调料

盐2克，鸡粉2克

做法

①洗净去皮的白萝卜切成丝；洗净泡软的陈皮切成丝。

②锅中注入适量的清水，用大火烧热。

③放入姜片、陈皮，搅匀，煮至沸腾。

④倒入白萝卜丝，搅拌片刻。

⑤倒入备好的紫菜，搅拌均匀。

⑥盖上锅盖，煮约2分钟至熟。

⑦掀开锅盖，加入盐、鸡粉，搅拌片刻，使其入味。

⑧关火后将煮好的汤盛出装入碗中即可。

✖🍴 做法

❶ 洗净的白萝卜切块，再切成丁。

❷ 砂锅中注入适量清水烧开，放入洗好的百合、杏仁。

❸ 再加入白萝卜丁，拌匀。

❹ 盖上盖，用小火煮20分钟至其熟软。

❺ 揭盖，放入盐、鸡粉，拌匀，关火后盛出煮好的汤即可。

杏仁百合白萝卜汤

▌烹饪时间：22分钟　　▌营养功效：养心润肺

🌶 原料

杏仁15克，干百合20克，白萝卜200克

🍲 调料

盐3克，鸡粉2克

制作指导：

这道汤口味清甜，可以少放一些盐，以免影响口感。

雪梨杏仁胡萝卜汤

▌烹饪时间：182分钟 ▌营养功效：增强免疫力

🥕 原料

去皮胡萝卜100克，雪梨100克，杏仁20克，猪瘦肉200克，水发银耳150克，水发百合50克

🍲 调料

盐2克

🍴 做法

❶洗净的雪梨去核，切块。

❷洗好的胡萝卜切成小块。

❸锅中注入适量清水烧开，倒入猪瘦肉，汆煮片刻。

❹关火后捞出汆煮好的猪瘦肉，沥干水分，装盘待用。

❺砂锅中放入水、猪瘦肉、雪梨、胡萝卜、杏仁、银耳、百合。

❻搅拌均匀，加盖，大火煮开转小火煮3小时至食材熟软。

❼揭盖，加入盐，搅拌片刻至入味。

❽关火，盛出煮好的汤，装入碗中即可。

沙参玉竹雪梨银耳汤

▌烹饪时间：123分钟 ▌营养功效：养心润肺

🌶 原料

沙参15克，玉竹15克，雪梨150克，水发银耳80克，苹果100克，杏仁10克，红枣20克

🍲 调料

冰糖30克

🍴 做法

❶洗净的雪梨去内核，切块。

❷洗好的苹果去内核，切块。

❸砂锅中放入水、沙参、玉竹、雪梨、银耳、苹果、杏仁、红枣。

❹搅拌均匀，加盖，大火煮开转小火煮2小时至有效成分析出。

❺揭盖，加入冰糖，拌匀。

❻加盖，稍煮片刻至冰糖溶化。

❼揭盖，搅拌片刻至入味。

❽关火后盛出煮好的汤，装入碗中即可。

红枣芋头汤

▌烹饪时间：17分钟 ▌营养功效：益气补血

原料

去皮芋头250克，红枣20克，清水适量

调料

冰糖20克

制作指导：

红枣可事先去核，这样不仅能去燥热，食用起来也更方便。

做法

❶ 洗净的芋头切厚片，改切成丁。

❷ 砂锅注水烧开，倒入切好的芋头。

❸ 放入洗好的红枣。

❹ 加盖，用大火煮开后转小火续煮15分钟至食材熟软。

❺ 揭盖，倒入冰糖，拌匀，关火后盛出煮好的甜汤即可。

青菜香菇魔芋汤

┃烹饪时间：6分钟 ┃营养功效：增强免疫力

🌶 原料

魔芋手卷180克，上海青110克，香菇30克，去皮胡萝卜130克，浓汤宝20克，姜片、葱花各少许

🍲 调料

盐2克，鸡粉、胡椒粉各3克

🍴 做法

❶香菇洗净切十字花刀；上海青洗净切开；去皮胡萝卜切片。

❷取一碗，倒入适量清水，放入魔芋手卷，浸泡片刻。

❸捞出泡好的魔芋手卷，沥干水分，装盘待用。

❹用油起锅，放入姜片，爆香，倒入胡萝卜片、香菇，炒香。

❺放入浓汤宝，注入适量清水，煮约2分钟至沸腾。

❻倒入魔芋手卷、上海青，拌匀。

❼加入盐、鸡粉、胡椒粉，搅拌2分钟至食材入味。

❽关火后盛出煮好的汤，装入碗中，撒上葱花即可。

❶将洗净去皮的山药切开，再切成条，改切成丁。

❷锅中注入适量清水烧开，倒入红枣。

❸放入切好的山药，搅拌均匀。

❹倒入桂圆肉，拌匀，烧开后用小火煮15分钟至食材熟透。

❺加入白糖，搅拌片刻至食材入味，盛入碗中即可。

桂圆红枣山药汤

▎烹饪时间：18分钟　▎营养功效：开胃消食

 原料

山药80克，红枣30克，桂圆肉15克

调料

白糖适量

制作指导：

可以在红枣上切一道小口，能让红枣的营养成分更容易析出。

做法

❶洗净去皮的莲藕切成块，待用。

❷砂锅注入适量的清水，用大火烧热。

❸倒入莲藕、芸豆、红豆、姜片，拌匀。

❹盖上锅盖，煮开后转小火煮约2小时至食材熟软。

❺掀开锅盖，加入盐，拌匀，将煮好的汤盛入碗中即可。

芸豆红豆鲜藕汤

■ 烹饪时间：123分钟　　■ 营养功效：养心润肺

原料

莲藕300克，水发红豆200克，芸豆200克，姜片少许

调料

盐少许

制作指导：

红豆可以用温水泡发，能减短泡发时间。

什锦杂蔬汤

烹饪时间：133分钟 ┃ 营养功效：降低血糖

原料

番茄200克，去皮胡萝卜150克，青椒50克，土豆150克，玉米笋80克，瘦肉200克，姜片少许

调料

盐少许

做法

①洗净的瘦肉切成块；洗好的胡萝卜切滚刀块。

②洗净的土豆切成滚刀块；洗净的番茄切成块。

③洗好的青椒去籽，切块；洗净的玉米笋切段。

④锅中注水烧开，倒入瘦肉，汆煮片刻，捞出，装盘待用。

⑤砂锅中注清水，倒入瘦肉、土豆、胡萝卜、玉米笋、姜片。

⑥大火煮开转小火煮2小时至熟。

⑦加入番茄、青椒，拌匀，续煮10分钟。

⑧加入盐，拌匀，关火后盛出煮好的汤，装入碗中即可。

做法

❶将洗净去皮的红薯切滚刀块，备用。

❷用油起锅，加入白糖，炒匀，用小火炒至溶化，呈暗红色。

❸注入适量清水，拌匀，用大火煮沸。

❹倒入红薯，搅拌均匀，盖上盖，烧开后用小火煮30分钟。

❺揭盖，倒入柠檬汁，拌匀，关火后盛出煮好的汤水即可。

酸甜柠檬红薯

▌烹饪时间：35分钟　▌营养功效：开胃消食

原料
红薯200克，柠檬汁40克

调料
白糖5克，食用油适量

制作指导：

红薯表皮的有害物质较多，所以最好把皮去掉再烹饪。

香菇炖竹荪

| 烹饪时间：31分30秒 | 营养功效：降低血压

🌶 原料

鲜香菇70克，菜心100克，水发竹荪40克，高汤200毫升

🍲 调料

盐3克，食用油适量

🍴 做法

❶洗好的竹荪切成段；洗净的香菇切上十字花刀，备用。

❷锅中注水烧开，放入盐、食用油、菜心，搅匀，煮1分钟。

❸将焯煮好的菜心捞出，沥干水分。

❹香菇倒入沸水锅中，煮半分钟，加入竹荪，再煮半分钟。

❺将焯煮好的香菇和竹荪捞出，沥干水分，装入碗中。

❻将高汤倒入锅中，煮至沸，放入少许盐，搅拌匀。

❼把高汤倒入装有香菇和竹荪的碗中，再放入烧开的蒸锅中。

❽隔水蒸30分钟，取出蒸碗，放入焯好的菜心即可。

香菇腐竹豆腐汤

▎烹饪时间：7分钟 ▎营养功效：益智健脑

🌶 原料

香菇块80克，腐竹段100克，豆腐块150克，葱花少许

🍲 调料

料酒8毫升，盐、鸡粉、胡椒粉各2克，食用油、芝麻油各适量

🍴 做法

①锅中注油烧热，倒入洗净切好的香菇、腐竹，翻炒均匀。

②淋入少许料酒，翻炒均匀。

③向锅中加入清水。

④盖上锅盖，煮大约3分钟。

⑤揭开盖，倒入切好的豆腐。

⑥再盖上盖，续煮约2分钟至食材熟透。

⑦揭开盖，加入盐、鸡粉、芝麻油、胡椒粉，拌匀调味。

⑧盛出煮好的汤料，装入碗中，撒上葱花即可。

双菇山药汤

| 烹饪时间：8分钟 | 营养功效：降低血糖

原料

平菇100克，香菇100克，山药块90克，高汤适量，葱花少许

调料

盐2克，鸡粉2克

制作指导：

山药切好后宜放在清水中，以免氧化变黑。

❶锅中注入适量高汤烧开，放入备好的山药块。

❷倒入洗净切块的平菇和香菇，拌匀。

❸用大火烧开，转中火煮大约6分钟至食材熟透。

❹加入少许盐、鸡粉调味，拌煮片刻至食材入味。

❺关火后盛出煮好的汤料，装入碗中，撒上葱花即可。

金针菇蔬菜汤

▎烹饪时间：14分钟 ▎营养功效：益气补血

🌶 **原料**

金针菇30克，香菇10克，上海青20克，胡萝卜50克，清鸡汤300毫升

🍲 **调料**

盐2克，鸡粉3克，胡椒粉适量

🍴 **做法**

❶洗净的上海青切成小瓣。

❷洗好去皮的胡萝卜切片。

❸洗净的金针菇切去根部，备用。

❹砂锅中注入适量清水，倒入鸡汤，盖上盖，用大火煮至沸。

❺揭盖，倒入金针菇、香菇、胡萝卜，拌匀。

❻盖上盖，续煮10分钟至熟，揭盖，倒入上海青。

❼加入盐、鸡粉、胡椒粉，拌匀。

❽关火后盛出煮好的汤料即可。

降火翠衣蔬菜汤

烹饪时间：42分钟 营养功效：清热解毒

🌶 原料

水发薏米100克，黄豆芽50克，去皮丝瓜200克，西瓜皮300克，姜片少许

🍵 调料

盐2克

🍴 做法

①洗净的丝瓜切片，改切成条。

②洗好的西瓜皮去除红瓤，白色部分切薄片，去外皮，切条。

③砂锅中注入适量清水，倒入薏米，拌匀。

④盖上盖，用大火煮开后转小火煮30分钟至熟。

⑤揭盖，放入姜片、丝瓜、西瓜皮，拌匀。

⑥盖上盖，大火续煮10分钟至食材熟软。

⑦揭盖，倒入黄豆芽，加入盐，搅拌至入味。

⑧关火后盛出煮好的汤，装入碗中即可。

✕ 做法

❶砂锅中注入清水烧开，倒入猴头菇、桂圆干、红枣，拌匀。

❷盖上盖，大火煮开转小火煮30分钟至食材熟透。

❸揭开砂锅盖，倒入绿豆芽。

❹略煮片刻至绿豆芽熟软。

❺加入盐，搅拌均匀，关火后盛出煮好的汤即可。

猴头菇桂圆红枣汤

▌烹饪时间：34分钟　▌营养功效：益气补血

🌶 **原料**

泡发猴头菇2个，桂圆干10克，红枣5枚，绿豆芽20克

🍲 **调料**

盐3克

制作指导：

猴头菇要提前泡发，剪去老根，撕成小朵，这样食用起来更方便。

芦荟茅根玉米须苹果汤

▌烹饪时间：122分钟　▌营养功效：益智健脑

🌶 原料

苹果120克，芦荟70克，玉米须30克，茅根25克，木瓜180克，瘦肉170克，水发莲子90克

🍲 调料

盐2克

🍴 做法

❶洗净的苹果去籽，切成块；洗好的芦荟去皮。

❷洗净的木瓜切块；洗好的瘦肉切块。

❸锅中注入适量清水烧开，倒入瘦肉块，汆煮片刻。

❹关火，捞出汆煮好的瘦肉，沥干水分，装入盘中备用。

❺锅中放入水、瘦肉、苹果、木瓜块、莲子、茅根、玉米须、芦荟。

❻加盖，大火煮开转小火煮约2小时至食材熟透。

❼揭盖，加入盐，稍稍搅拌至入味。

❽关火后盛出煮好的汤，装入碗中即可。

✕ 做法

❶去皮洗净的木瓜切成小瓣，再切成小块，备用。

❷砂锅中注入清水烧开，倒入杏仁、百部、陈皮、木瓜块。

❸盖上盖，烧开后用小火煮20分钟，至食材熟软。

❹揭盖，加入冰糖，搅拌匀，略煮一会儿至其溶化。

❺关火后盛出煮好的汤料即可。

百部杏仁炖木瓜

▌烹饪时间：23分钟 ▌营养功效：防癌抗癌

🌶 原料

木瓜300克，杏仁20克，百部5克，陈皮3克

🍲 调料

冰糖40克

制作指导：

木瓜可用热水清洗后再使用，以免细菌感染，引起腹泻。

甘蔗木瓜炖银耳

┃烹饪时间：32分钟 ┃营养功效：降低血压

🌶 **原料**

甘蔗200克，木瓜200克，水发银耳150克，
无花果40克，水发莲子80克

🍲 **调料**

红糖60克

🍴 **做法**

❶洗净的银耳切去黄色根部，切成小块。

❷洗好去皮的甘蔗敲破，切成段。

❸洗净的木瓜去皮，切块，改切成丁。

❹锅中注入清水烧开，放入莲子、无花果、甘蔗、银耳。

❺盖上盖，烧开后用小火炖20分钟，至食材熟软。

❻揭开盖，放入木瓜，拌匀，用小火再炖10分钟。

❼放入红糖，拌匀，煮至溶化。

❽关火后盛出煮好的汤料即可。

木瓜银耳薏米汤

| 烹饪时间：37分钟 | 营养功效：降低血压

原料

木瓜300克，水发银耳90克，水发薏米80克，枸杞15克

调料

冰糖30克

做法

①洗净去皮的木瓜切块，去籽，切成片，备用。

②将发好的银耳切成小块。

③砂锅中注入适量清水烧开。

④放入切好的木瓜，加入洗好的薏米。

⑤盖上盖，烧开后用小火炖30分钟，至薏米熟软。

⑥揭开砂锅盖，倒入银耳。

⑦放入冰糖，搅拌匀，煮5分钟，至冰糖溶化。

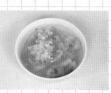

⑧倒入枸杞，搅匀，略煮片刻，关火后盛出煮好的汤料即可。

PART 3
浓香畜肉汤，
美味健体好搭配

　　俗话说，无肉不成筵席。学做汤，当然不能错过滋味香浓的畜肉汤了。畜肉汤浓香四溢，营养丰富，是餐桌上绝对少不了的佳肴。畜肉属于高蛋白质食材，味道鲜美，营养丰富，用来做汤后其所含的优质蛋白质进入人体后，几乎能被人体完全吸收和利用，使人更耐饥、保暖，还可以让身体变得更强壮，可谓好处多多，一直以来都深受中外营养学家和养生达人们的追捧。一碗好的肉汤，色、香、味、营养俱全，真可谓实至名归。本章将带来一些美味营养的畜肉汤品，让你健康美味享不停！

栗子花生瘦肉汤

▎烹饪时间：152分钟 ▎营养功效：保肝护肾

🌶 原料

瘦肉200克，玉米160克，花生米120克，胡萝卜80克，板栗肉65克，香菇30克，姜片、葱段各少许

🍲 调料

盐少许

🍴 做法

❶将去皮洗净的胡萝卜切滚刀块；洗好的玉米斩成小块。

❷洗净的瘦肉切条形，再切块。

❸锅中注水烧开，倒入瘦肉块，余煮后捞出，沥干水分。

❹砂锅中注入清水烧热，倒入余好的肉块，放入胡萝卜块。

❺倒入洗净的花生米，放入板栗肉，倒入切好的玉米。

❻撒上洗净的香菇，倒入备好的姜片、葱段，拌匀、搅散。

❼盖上盖，烧开后转小火煮约150分钟，至食材熟透。

❽揭盖，加入盐，拌匀，关火后盛出煮好的瘦肉汤即可。

鸡骨草雪梨煲瘦肉

┃ 烹饪时间：152分钟 ┃ 营养功效：养心润肺

🌶 原料

瘦肉150克，雪梨120克，荸荠肉140克，胡萝卜70克，鸡骨草8克，罗汉果、姜片各少许

🍲 调料

盐2克

🍴 做法

❶ 将洗净的雪梨切开，去除果核，再改切小块。

❷ 去皮洗好的胡萝卜切滚刀块；洗净的瘦肉切开，再切大块。

❸ 锅中注水烧开，倒入瘦肉块，汆煮后捞出，沥干水分。

❹ 砂锅中注入适量清水烧热，倒入汆过水的瘦肉块。

❺ 放入切好的雪梨，倒入胡萝卜块，放入洗净的荸荠肉。

❻ 撒上罗汉果，倒入姜片，拌匀，放入鸡骨草，搅散。

❼ 盖盖，大火烧开后转小火煮约150分钟，至食材熟透。

❽ 揭盖，加入盐，拌匀，煮至汤汁入味，关火后装碗即可。

做法

❶将洗净的瘦肉切成大块。

❷锅中注入清水烧开，倒入瘦肉，汆煮后捞出，沥干水分。

❸砂锅中放入水、瘦肉、银耳、白果、无花果、香菇、薏米、杏仁、姜片、淮山、莲子、枸杞。

❹盖上盖，煮3小时。

❺加入盐，拌匀，关火后盛出煮好的汤，装入碗中即可。

银耳白果无花果瘦肉汤

▌烹饪时间：182分钟 ▌营养功效：增强免疫力

🌶 原料

瘦肉200克，水发银耳80克，薏米40克，无花果4颗，白果、杏仁各15克，水发去心莲子、淮山各20克，水发香菇4个，枸杞10克，姜片少许

🍲 调料

盐2克

制作指导：

瘦肉提前用水汆煮片刻，可以去除血水和污渍。

菟丝子女贞子瘦肉汤

▌烹饪时间：41分钟 ▌营养功效：降低血糖

🌶 原料

瘦肉300克，菟丝子8克，女贞子8克，枸杞10克

🍲 调料

料酒8毫升，盐2克，鸡粉2克

🍴 做法

①瘦肉切成条，改切成丁。

②砂锅注入适量清水烧开，放入菟丝子、女贞子和枸杞。

③倒入瘦肉丁，搅拌均匀。

④淋入适量料酒，搅拌均匀。

⑤盖上盖，烧开后用小火炖40分钟至熟。

⑥揭开盖子，放入盐、鸡粉。

⑦用锅勺拌匀调味。

⑧将煮好的汤料盛入汤碗中即成。

做法

① 洗好的瘦肉切成条，切丁。

② 锅中注水烧开，倒入瘦肉，汆煮后捞出，沥干水分。

③ 砂锅中注入清水烧开，放入姜片、瘦肉、红豆，搅拌匀。

④ 淋入料酒，搅拌片刻，盖上锅盖，烧开后转小火煮30分钟。

⑤ 揭开锅盖，放入盐、鸡粉，搅匀，关火后将汤盛出即可。

红豆猪瘦肉汤

▎烹饪时间：31分钟　▎营养功效：增强免疫力

🌶 原料

猪瘦肉200克，水发红豆100克，姜片少许

🍲 调料

盐2克，鸡粉2克，料酒3毫升

制作指导：

煮的时候锅盖可以留一道缝，以免汤汁喷出。

灵芝黄芪蜜枣瘦肉汤

▌烹饪时间：182分钟 ▌营养功效：增强免疫力

🌶 原料

瘦肉150克，桂圆肉20克，灵芝10克，黄芪10克，蜜枣5克，姜片少许

🍲 调料

盐2克

🍴 做法

❶洗净的瘦肉切块。

❷锅中注入适量清水烧开，倒入瘦肉，汆煮片刻。

❸关火后捞出汆煮好的瘦肉，沥干水分，装盘待用。

❹砂锅中放入水、瘦肉、桂圆肉、灵芝、蜜枣、黄芪、姜片。

❺搅拌均匀，加盖，大火煮开转小火煮3小时至析出有效成分。

❻揭盖，加入盐。

❼搅拌至食材入味。

❽关火，盛出煮好的汤，装入碗中即可。

✕ 做法

❶洗净的香菇上切十字花刀；洗好的番茄切片。

❷里脊肉洗净切丝，用盐、白胡椒粉、料酒、水淀粉、食用油腌渍。

❸锅中注水烧开，放入魔芋丝，焯煮后捞出，沥干水分。

❹用油起锅，放入姜丝、里脊肉丝、香菇、料酒、水、魔芋丝。

❺放入盐、鸡粉、白胡椒粉、番茄、芝麻油，盛出后放香菜叶。

肉丝魔芋粉丝汤

▌烹饪时间：6分钟　▌营养功效：降低血糖

🌶 原料

魔芋丝230克，里脊肉120克，番茄90克，香菇、姜丝、香菜叶各少许

🍲 调料

盐2克，鸡粉、白胡椒粉各3克，芝麻油、料酒、水淀粉、食用油各适量

制作指导：

魔芋事先焯煮片刻，可去除少许的腥味。

双菇粉丝肉片汤

▌烹饪时间：12分钟 ▌营养功效：增强免疫力

原料

水发粉丝250克，水发香菇50克，草菇60克，瘦肉70克，姜片、葱花各少许

调料

盐2克，鸡粉2克，料酒4毫升

做法

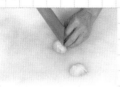

① 洗净的草菇对半切开，再切成小块。

② 洗好的香菇去蒂，对半切开；洗净的瘦肉切成片，备用。

③ 锅中注入适量清水烧热，倒入肉片。

④ 再放入草菇、香菇，撒上姜片。

⑤ 淋入少许料酒，搅拌均匀。

⑥ 盖上锅盖，烧开后用小火煮约10分钟至食材熟透。

⑦ 揭盖，倒入粉丝，加入盐、鸡粉，拌匀，用大火煮熟透。

⑧ 关火后盛出煮好的汤料，装入碗中，撒上葱花即可。

灵芝金针菇豆芽肉片汤

| 烹饪时间：47分钟 | 营养功效：益智健脑

原料

猪瘦肉120克，绿豆芽60克，金针菇50克，灵芝、姜片各少许

调料

料酒4毫升，盐、鸡粉各2克

做法

❶将洗好的绿豆芽切长段；洗净的猪瘦肉切片。

❷锅中注水烧开，倒入肉片，氽去血水，捞出，沥干水分。

❸砂锅中注水烧开，倒入灵芝、姜片、肉片、料酒。

❹烧开后用小火煮30分钟。

❺倒入备好的绿豆芽、金针菇，拌匀。

❻盖上盖，用小火续煮约15分钟，至食材熟透。

❼揭盖，加入盐、鸡粉，拌匀调味。

❽关火后盛出煮好的汤料，装入碗中即可。

茅根甘蔗茯苓瘦肉汤

▎烹饪时间：143分钟　▎营养功效：清热解毒

🌶 **原料**

瘦肉200克，玉米、胡萝卜各60克，甘蔗120克，茅根12克，茯苓20克，高汤适量

🍲 **调料**

盐2克

🍴 **做法**

❶洗净去皮的胡萝卜切段；洗净的瘦肉切成小块，装盘备用。

❷锅中注入适量清水烧开，倒入瘦肉，煮约2分钟，汆去血水。

❸捞出煮好的瘦肉，将瘦肉过一下冷水，装盘。

❹砂锅中注入高汤烧开，倒入瘦肉。

❺放入玉米、胡萝卜、甘蔗、茯苓、茅根，搅拌均匀。

❻盖上盖，以大火煮20分钟，转小火慢炖2小时，至食材熟透。

❼揭开盖，加入少许盐，搅拌均匀至食材入味。

❽关火后盛出汤料，装入碗中即可。

做法

① 洗净的瘦肉切块；洗好的雪梨去籽，再切块。

② 锅中注入清水烧开，倒入瘦肉，氽煮后捞出，沥干水分。

③ 砂锅中放入水、瘦肉、雪梨、荸荠、罗汉果、姜片。

④ 加入红豆、鸡骨草，拌匀，用大火煮开转小火煮3小时。

⑤ 揭盖，加入盐，拌匀至入味，关火，盛出煮好的汤即可。

鸡骨草罗汉果荸荠汤

▌烹饪时间：182分钟　▌营养功效：增强免疫力

原料

鸡骨草30克，去皮荸荠、瘦肉、雪梨、水发红豆、罗汉果、姜片各适量

调料

盐2克

制作指导：

鸡骨草有一些苦涩味，可以适量放点红枣以改善口感。

腊肉萝卜汤

| 烹饪时间：92分钟 | 营养功效：开胃消食

🌶 原料

去皮白萝卜200克，胡萝卜块30克，腊肉300克，姜片少许

🍲 调料

盐2克，鸡粉3克，胡椒粉适量

🍴 做法

①洗净的白萝卜切成厚块。

②洗好的腊肉切块。

③锅中注入适量清水烧开，倒入腊肉，汆煮片刻。

④关火后将汆煮好的腊肉捞出，沥干水分，装入盘中备用。

⑤砂锅中注入清水，倒入腊肉、白萝卜、姜片、胡萝卜块，拌匀。

⑥加盖，大火煮开后转小火煮90分钟至食材熟透。

⑦揭盖，加入盐、鸡粉、胡椒粉，搅拌均匀至入味。

⑧关火后盛出煮好的汤，装入碗中即可。

✗ 做法

❶ 将洗净的白菜切成小块；洗好的豆腐切开，再切成小方块。

❷ 砂锅中注入清水烧开，倒入肉丸、姜片、豆腐、木耳，拌匀。

❸ 盖上盖，烧开后用小火煮15分钟。

❹ 揭盖，倒入白菜，加入盐、鸡粉、胡椒粉，拌匀。

❺ 关火后盛出肉丸汤，淋入芝麻油，点缀上葱花即可。

白菜豆腐肉丸汤

▌烹饪时间：18分钟 ▌营养功效：养心润肺

🌶 原料

肉丸240克，水发木耳55克，大白菜100克，豆腐85克，姜片、葱花各少许

🍲 调料

盐1克，鸡粉2克，胡椒粉2克，芝麻油适量

制作指导：

将木耳放到温水中，加少许盐可以让木耳快速变软。

鸡汤肉丸炖白菜

▎烹饪时间：26分钟 ▎营养功效：清热解毒

🌶 原料

白菜170克，肉丸240克，鸡汤350毫升

🍲 调料

盐2克，鸡粉2克，胡椒粉适量

🍴 做法

❶将洗净的白菜切去根部，再切开，用手掰开。

❷在肉丸上切花刀，备用。

❸砂锅中注入适量清水烧热。

❹倒入备好的鸡汤，放入肉丸。

❺盖上盖，烧开后用小火煮20分钟。

❻揭盖，倒入白菜，拌匀。

❼加入盐、鸡粉、胡椒粉，拌匀，用大火煮5分钟至食材入味。

❽关火后盛出锅中的汤料即可。

✖ 做法

① 将洗净的木瓜切块；洗净的猴头菇切除根部，切块。

② 锅中注水烧开，倒入排骨段，汆煮2分钟后捞出，沥干水分。

③ 砂锅中注水烧热，倒入排骨段、猴头菇、木瓜块、海底椰。

④ 倒入核桃仁、花生米，撒上姜片，烧开后煮120分钟。

⑤ 揭盖，加入盐，略煮至汤汁入味，关火后盛出排骨汤即可。

猴头菇花生木瓜排骨汤

▌烹饪时间：125分钟 ▌营养功效：防癌抗癌

🌶 原料

排骨段350克，花生米75克，木瓜300克，水发猴头菇80克，海底椰20克，核桃仁、姜片各少许

🍲 调料

盐3克

制作指导：

猴头菇宜用温水泡软，能有效去除杂质。

鸡骨草排骨汤

▌烹饪时间：42分钟　▌营养功效：益气补血

🌶 原料

排骨400克，鸡骨草30克，红枣40克，枸杞20克，葱段、姜片少许

🍲 调料

盐适量

🍴 做法

❶锅中注入适量清水，用大火烧开。

❷倒入排骨，搅匀余煮片刻，去除血末。

❸将排骨捞出，沥干水分待用。

❹砂锅中注入适量清水，用大火烧热。

❺倒入排骨、鸡骨草、红枣、枸杞。

❻再放入姜片、葱段，搅拌片刻。

❼盖上砂锅盖，烧开后转中火煮40分钟至食材熟透。

❽掀开盖，加入盐，搅匀，将煮好的汤盛出装入碗中即可。

✖ 做法

①将去皮洗净的牛蒡切斜段；去皮洗好的白萝卜用斜刀切块。

②锅中注水烧开，倒入洗净的排骨段，氽煮后捞出，沥干水分。

③砂锅中注水烧热，倒入排骨、牛蒡、白萝卜、芡实。

④放入干百合、枸杞、姜片、葱段，烧开后转小火煮120分钟。

⑤加入盐，拌匀，略煮至汤汁入味，关火后盛出排骨汤即可。

牛蒡萝卜排骨汤

▍烹饪时间：122分钟 ▍营养功效：增强免疫力

🌶 原料

排骨段270克，牛蒡150克，白萝卜220克，干百合30克，枸杞10克，芡实12克，姜片、葱段各少许

🍲 调料

盐2克

制作指导：

氽排骨段时，淋入少许料酒，去血渍的效果会更佳。

薏米莲藕排骨汤

▌烹饪时间：182分钟　▌营养功效：降低血脂

🌶 **原料**

去皮莲藕200克，水发薏米150克，排骨块300克，姜片少许

🍲 **调料**

盐2克

🍴 **做法**

❶洗净去皮的莲藕切成块。

❷锅中注入适量清水烧开，倒入排骨块，汆煮片刻。

❸关火后捞出汆煮好的排骨块，沥干水分，装盘待用。

❹砂锅中注入清水，倒入排骨块、莲藕、薏米、姜片，拌匀。

❺加盖，用大火煮开后转小火煮3小时至析出有效成分。

❻揭盖，加入盐。

❼搅拌片刻至入味。

❽关火，盛出煮好的汤，装入碗中即可。

莲藕萝卜排骨汤

烹饪时间：80分钟 ┃ **营养功效：清热解毒**

🌶 原料

排骨段270克，白萝卜160克，莲藕200克，白菜叶60克，姜片少许

🍲 调料

盐少许

🍴 做法

❶洗净去皮的莲藕切滚刀块；洗好的白菜叶切成段。

❷洗净去皮的白萝卜切成小方块。

❸锅中注水烧开，倒入排骨段，汆煮后捞出，沥干水分。

❹砂锅中注水烧开，撒上姜片，倒入排骨，搅拌片刻。

❺盖上锅盖，烧开后用小火煮约40分钟至排骨熟软。

❻揭开锅盖，倒入莲藕、白萝卜，搅匀，用中火煮约30分钟。

❼放入白菜，加入少许盐，搅匀调味。

❽盖上盖，用中火煮10分钟至食材入味，关火后盛出即可。

酸萝卜炖排骨

▎烹饪时间：63分钟　▎营养功效：保肝护肾

🌶 **原料**

排骨段300克，酸萝卜220克，香菜段15克，姜片、葱段各少许

🍲 **调料**

盐、鸡粉各2克，料酒5毫升

🍴 **做法**

❶将洗净的酸萝卜切开，再切大块。

❷锅中注入适量清水烧开，倒入洗好的排骨段，拌匀。

❸煮约1分30秒，汆去血水，捞出食材，沥干水分，待用。

❹砂锅中注入适量清水烧开，撒上姜片、葱段。

❺倒入排骨段，放入切好的酸萝卜，淋入少许料酒，搅拌匀。

❻盖上盖，烧开后用小火煮约1小时，至食材熟透。

❼揭盖，加入盐、鸡粉，撒上香菜段，拌匀，煮至断生。

❽关火后盛出炖煮好的菜肴即成。

做法

① 咸菜切小块；香菇对半切开；洗净的苦瓜去瓤，切小段。

② 锅中注水烧开，倒入排骨段，汆去血渍，捞出。

③ 砂锅中注水烧热，倒入汆好的排骨段。

④ 放入苦瓜段、黄豆、香菇、咸菜、淮山、姜片，拌匀。

⑤ 煮80分钟，至食材熟透，加入盐，拌匀，关火后盛出即可。

苦瓜黄豆排骨汤

烹饪时间：82分钟 ┃ **营养功效：降低血糖**

原料

排骨段170克，苦瓜100克，水发黄豆45克，咸菜60克，香菇25克，姜片、淮山各少许

调料

盐少许

制作指导：

咸菜味道较重，调味时加入的盐不宜太多，以免汤汁味道太咸了。

陈皮暖胃肉骨汤

■ 烹饪时间：61分钟　■ 营养功效：开胃消食

🌶 原料

排骨400克，水发绿豆120克，陈皮8克，
姜片25克，葱花少许

🍲 调料

盐2克，鸡粉2克，料酒10毫升

🍴 做法

❶锅中注入适量清水
烧开，倒入排骨。

❷搅拌均匀，煮至
沸，氽去血水。

❸捞出氽煮好的排
骨，沥干水分。

❹砂锅中注入适量清
水烧开，放入姜片、
陈皮。

❺倒入洗净的绿豆，
放入氽过水的排骨，
淋入适量料酒。

❻盖上盖，烧开后用
小火炖1小时，至食材
熟透。

❼揭开盖，放入少许
盐、鸡粉，搅拌均
匀，至食材入味。

❽将炖好的食材盛
出，装入碗中即可。

党参胡萝卜猪骨汤

| 烹饪时间：46分钟 | 营养功效：增强免疫力

🌶 原料

猪骨250克，胡萝卜120克，党参15克，
姜片20克

🍲 调料

盐2克，鸡粉2克，胡椒粉1克，料酒10毫升

🍴 做法

①洗好的胡萝卜切条，再切成丁。

②锅中注水烧开，倒入洗净的猪骨，搅拌均匀，煮至变色。

③把氽煮好的猪骨捞出，待用。

④砂锅中注水烧开，放入党参、姜片、猪骨、料酒，拌匀。

⑤盖上盖，烧开后用小火煮约30分钟。

⑥揭盖，倒入切好的胡萝卜，拌匀。

⑦盖上砂锅盖，用小火再煮15分钟至食材熟透。

⑧揭开盖，加入盐、鸡粉、胡椒粉，拌匀，关火后盛出即可。

肉苁蓉黄精骨头汤

▌烹饪时间：82分钟　▌营养功效：保肝护肾

🌶 原料

猪骨500克，白果60克，肉苁蓉15克，黄精10克，胡萝卜90克，姜片25克

🍲 调料

料酒10毫升，盐2克，鸡粉2克

制作指导：

炖骨头汤时，可以加入适量醋，这样有利于析出骨头的营养物质。

🍴 做法

❶ 洗净去皮的胡萝卜对半切开，切条，改切成小块，备用。

❷ 锅中注入清水烧开，倒入猪骨，汆去血水，捞出，沥干水分。

❸ 砂锅中放入水、猪骨、肉苁蓉、黄精、姜片、料酒，炖1小时。

❹ 放入胡萝卜块、白果，用小火再炖20分钟，至胡萝卜熟软。

❺ 揭盖，放入盐、鸡粉，拌匀，煮至食材入味，盛出即可。

做法

① 锅中注入清水烧开，倒入猪骨，淋入料酒，汆煮片刻。

② 关火，将猪骨捞出，装盘备用。

③ 砂锅中注入适量清水烧开，倒入猪骨、大麦。

④ 淋入料酒，拌匀，加盖，大火煮开转小火煮90分钟。

⑤ 揭盖，加入盐，拌匀，关火后盛出煮好的汤即可。

大麦猪骨汤

▌烹饪时间：92分钟　　▌营养功效：益气补血

🌶 原料

水发大麦200克，排骨250克

🍲 调料

盐2克，料酒适量

制作指导：

汆煮排骨时，要等水烧开后再放入排骨，这样能锁住排骨的营养。

党参玉米猪骨汤

▌烹饪时间：51分钟　▌营养功效：增强免疫力

🌶 原料

猪骨350克，玉米200克，胡萝卜200克，红枣25克，姜片30克，枸杞5克，党参10克

🍲 调料

盐2克，鸡粉2克，料酒16毫升

🍴 做法

❶洗净去皮的胡萝卜切成丁；洗好的玉米切成小段。

❷锅中注水烧开，放入洗好的猪骨，淋入料酒，汆去血水。

❸捞出猪骨，沥干水分，待用。

❹砂锅中注入水烧开，放入姜片、红枣、枸杞。

❺再倒入猪骨，淋入少许料酒，烧开后用小火煮约30分钟。

❻放入玉米、胡萝卜，拌匀，用小火煮20分钟至食材熟透。

❼加入少许盐、鸡粉，搅匀调味。

❽关火后将煮好的汤料盛出即可。

做法

① 锅中注入清水烧开，倒入猪骨，淋入料酒，汆煮后捞出。

② 砂锅中注入适量清水烧开，倒入猪骨，拌匀。

③ 加入姜片、红腰豆，淋入料酒，拌匀。

④ 加盖，小火炖1小时至食材析出有效成分。

⑤ 揭盖，放入盐，拌匀，关火，将炖好的猪骨盛入碗中即可。

红腰豆炖猪骨

▌烹饪时间：62分钟　　▌营养功效：增强免疫力

🌶 原料
红腰豆150克，猪骨250克，姜片少许

🍲 调料
盐2克，料酒适量

制作指导：

猪骨汆水的时间不适宜过久，以免猪骨中的营养成分流失。

白果猪皮美肤汤

┃烹饪时间：35分钟 ┃营养功效：美容养颜

🌶 原料

白果12颗，甜杏仁10克，猪皮100克，八角少许、
葱花、葱段、姜片、花椒各适量

🍲 调料

黄酒、芝麻油各少许

🍴 做法

❶锅中注水烧开，倒
入猪皮，拌匀。

❷加入八角、花椒，
拌匀，焯煮5分钟，去
除腥味，捞出猪皮。

❸砂锅中注入清水，
放入焯好的猪皮。

❹加入甜杏仁、白
果、姜片、葱段，搅
拌均匀。

❺用大火煮开，撇去
浮沫，加入少许料
酒，拌匀。

❻盖上盖，用小火煮
30分钟至食材熟透。

❼揭盖，加入盐，拌
匀，关火后盛出煮好
的汤，装在碗中。

❽淋入芝麻油，撒上
葱花即可。

花生眉豆煲猪蹄

▌烹饪时间：182分钟 ▌营养功效：美容养颜

🌶 原料

猪蹄400克，木瓜150克，水发眉豆100
克，花生80克，红枣30克，姜片少许

🍲 调料

盐2克，料酒适量

🍴 做法

①洗净的木瓜切开，去籽，切块。

②锅中注入适量清水，倒入猪蹄，淋入料酒。

③余煮片刻，至猪蹄转色。

④关火后将余煮好的猪蹄捞出，沥干水分，装盘待用。

⑤砂锅中注入清水，倒入猪蹄、红枣、花生、眉豆、姜片、木瓜。

⑥搅拌均匀，加盖，大火煮开转小火煮3小时至食材熟软。

⑦揭盖，加入盐，搅拌至入味。

⑧关火后将煮好的菜肴盛入碗中即可。

❶锅中注入适量清水烧开，倒入猪蹄块，煮至沸，汆去血水。

❷把汆煮好的猪蹄捞出，装盘备用。

❸砂锅中注水烧开，倒入姜片、红枣、薏米、猪蹄，拌匀。

❹盖上盖，用小火炖1小时至食材熟透。

红枣薏米猪蹄汤

| 烹饪时间：62分钟 | 营养功效：美容养颜

🌶 原料

猪蹄块500克，薏米80克，红枣8克，姜片少许

🍲 调料

盐2克，鸡粉2克

制作指导：

薏米在烹饪前可以先提前泡发，这样薏米会更易煮熟。

❺揭盖，放入盐、鸡粉，拌匀，关火后盛出煮好的汤料即可。

海带黄豆猪蹄汤

█ 烹饪时间：62分钟　█ 营养功效：降压降糖

🌶 原料

猪蹄500克，水发黄豆100克，海带80克，姜片40克

🍲 调料

盐、鸡粉各2克，胡椒粉少许，料酒6毫升，白醋15毫升

🍴 做法

❶将洗净的猪蹄斩成小块；将洗好的海带切成小块。

❷锅中注水烧热，放入猪蹄块、白醋，余煮后捞出，沥干水分。

❸再放入海带，搅匀，煮约半分钟，捞出海带，沥干水分。

❹砂锅中注入适量清水烧开，放入姜片。

❺倒入洗净的黄豆，再倒入余好的猪蹄。

❻轻轻搅匀，放入海带，搅拌均匀，淋入料酒。

❼盖上盖，煮沸后用小火煲煮约1小时，至全部食材熟透。

❽揭开盖，加入鸡粉、盐、胡椒粉，拌匀，取下砂锅即可。

板栗桂圆炖猪蹄

| 烹饪时间：62分钟 | 营养功效：美容养颜

原料

猪蹄块600克，板栗肉70克，桂圆肉20克，核桃仁、葱段、姜片各少许

调料

盐2克，料酒7毫升

制作指导：

猪蹄可以先在烧热的锅中来回擦拭几次，这样能去除猪蹄表面细小的猪毛。

做法

❶将洗好的板栗对半切开。

❷锅中注水烧开，倒入猪蹄，加入料酒，氽去血水，捞出。

❸砂锅中注入适量清水烧热，倒入姜片、葱段。

❹放入核桃仁、猪蹄、板栗、桂圆肉，加入料酒，拌匀。

❺大火煮开后转小火炖1小时，加入盐，拌匀，关火后盛出即可。

✕ 做法

① 洗净去皮的山药切厚片；洗好的猪血切小块。

② 锅中注入清水烧热，倒入猪血，汆去污渍，捞出，沥干水分。

③ 另起锅，注水烧开，倒入猪血、山药，小火煮至熟透。

④ 加入少许盐，拌匀，关火后待用。

⑤ 取一个汤碗，撒入胡椒粉，盛入锅中汤料，点缀葱花即可。

猪血山药汤

▌烹饪时间：13分钟　▌营养功效：美容养颜

🌶 原料

猪血270克，山药70克，葱花少许

🍲 调料

盐2克，胡椒粉少许

制作指导：

猪血要汆水后再烹饪，这样可以去除腥味。

莴笋猪血豆腐汤

| 烹饪时间：2分30秒 | 营养功效：益气补血

🌶 原料

莴笋100克，胡萝卜90克，猪血150克，豆腐200克，姜片、葱花各少许

🍲 调料

盐2克，鸡粉3克，胡椒粉少许，芝麻油2毫升，食用油适量

🍴 做法

❶洗净去皮的胡萝卜对半切开，切成片。

❷洗净去皮的莴笋切段，再切成片。

❸洗好的豆腐切条，再切成小块；洗净的猪血切成小块。

❹用油起锅，爆香姜片，倒入清水烧开，加入盐、鸡粉。

❺放入莴笋、胡萝卜，倒入豆腐块，加入切好的猪血。

❻盖上盖，用中火煮2分钟，至食材熟透。

❼揭开盖，加入少许鸡粉，淋入适量芝麻油，拌入味。

❽关火后盛出煮好的汤料，装入汤碗中，撒上葱花即可。

①锅中注入适量清水，大火烧热，倒入洗净的猪尾。

②淋入适量料酒，煮至沸，余去血水，捞出，沥干水分。

③砂锅中注入清水烧开，倒入猪尾、洗净的金樱子、杜仲。

④放入姜片、料酒，拌匀，盖上盖，烧开后用小火炖1小时。

⑤揭盖，加入盐、鸡粉、胡椒粉，拌匀，关火后盛出即可。

金樱子杜仲煲猪尾

▮烹饪时间：61分钟　▮营养功效：美容养颜

🌶 原料

金樱子12克，杜仲20克，猪尾450克，姜片少许

🍲 调料

料酒8毫升，盐2克，鸡粉2克，胡椒粉2克

制作指导：

如果不习惯中药的味道，可以待其药性析出后从锅中捞出药材。

霸王花枇杷叶猪肚汤

▌烹饪时间：182分钟 ▌营养功效：健脾止泻

🌶 原料

猪肚300克，枇杷叶10克，水发霸王花30克，无花果4枚，蜜枣10克，杏仁30克，太子参25克，水发百合45克，牛奶适量，姜片少许

🍲 调料

盐2克

🍴 做法

①锅中注入适量清水烧开，倒入猪肚，氽煮片刻。

②关火后捞出氽煮好的猪肚，沥干水分，装盘待用。

③将猪肚切成粗条；砂锅中注入清水，倒入猪肚、枇杷叶。

④放入霸王花、无花果、蜜枣、百合、太子参、杏仁、姜片。

⑤搅拌均匀，加盖，大火煮开转小火煮3小时至析出有效成分。

⑥揭盖，加入适量盐，拌匀。

⑦倒入适量牛奶，搅拌均匀。

⑧关火，盛出煮好的汤，装入碗中即可。

燕窝玉米银杏猪肚汤

烹饪时间：132分钟 | **营养功效：补中益气**

 原料

猪肚230克，玉米块160克，白果60克，燕窝、姜片各少许

🍲 **调料**

盐、鸡粉、胡椒粉各2克，料酒少许

🍴 **做法**

❶洗净的猪肚切开，再切成块。

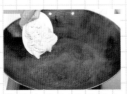
❷锅中注入适量清水烧开，倒入猪肚块。

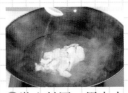
❸淋入料酒，用中火煮2分钟，捞出猪肚，沥干水分。

❹砂锅中注入适量清水烧开，倒入猪肚、玉米块。

❺放入白果、姜片，淋入少许料酒。

❻盖上盖，烧开后用小火煮约2小时。

❼揭开盖，放入洗好的燕窝，用小火煮约10分钟。

❽加入盐、鸡粉、胡椒粉，拌匀，关火后盛出煮好的汤即可。

车前草猪肚汤

▌烹饪时间：126分钟　　▌营养功效：健脾止泻

🌶 原料

猪肚200克，水发薏米、水发红豆各35克，车前草、蜜枣、姜片各少许

🍲 调料

盐、鸡粉各2克，料酒、胡椒粉各适量

🍴 做法

① 锅中注入清水烧开，倒入猪肚，拌匀，去除异味。

② 捞出猪肚，沥干水分，放凉待用。

③ 把放凉的猪肚切去油脂，再切成粗丝，备用。

④ 砂锅中注入适量清水烧热。

⑤ 倒入猪肚，放入备好的车前草、蜜枣、薏米、红豆。

⑥ 放入姜片，淋入少许料酒。

⑦ 盖上锅盖，烧开后用小火煮2小时，揭开锅盖，加入盐。

⑧ 加入鸡粉、胡椒粉，拌匀，拣出车前草，关火后盛出即可。

做法

① 洗好的香菇切成小块；处理好的猪肝切成片。

② 锅中注水烧开，倒入猪肝，余去血水，捞出，沥干水分。

③ 锅中注入清水烧开，放入香菇块、红枣、枸杞、姜片。

④ 淋入料酒、鸡汁，放入少许盐，拌匀。

⑤ 将汤汁盛出，装入盛有猪肝的碗中，放入蒸锅中蒸熟即可。

红枣猪肝香菇汤

▌烹饪时间：62分钟　　▌营养功效：补血益气

🌶 原料

猪肝200克，水发香菇60克，红枣20克，枸杞8克，姜片少许

🍲 调料

鸡汁8毫升，料酒8毫升，盐2克

制作指导：

猪肝在烹制前可以放入清水中浸泡1小时，有利于洗去毒素和杂质。

丝瓜虾皮猪肝汤

▌烹饪时间：15分钟 ▌营养功效：保护视力

🌶 原料

丝瓜90克，猪肝85克，虾皮12克，姜
丝、葱花各少许

🍲 调料

盐、鸡粉各3克，水淀粉2毫升，食用油适量

🍴 做法

①将去皮洗净的丝瓜
切成片；洗好的猪肝
切成片。

②把猪肝片装入碗
中，放入少许盐、鸡
粉、水淀粉，拌匀。

③再淋入少许食用
油，腌渍10分钟。

④锅中注油烧热，放
入姜丝，爆香，再放
入虾皮，炒出香味。

⑤倒入适量清水，盖
上盖子，用大火煮沸。

⑥揭盖，倒入丝瓜，
加入盐、鸡粉，拌匀
后放入猪肝。

⑦用锅铲搅散，继续
用大火煮至沸腾。

⑧关火，将锅中汤料
盛出装入碗中，再将
葱花撒入汤中即可。

🍴 做法

❶ 洗净的霸王花切段；洗好的猪肺切成小块。

❷ 锅中注水烧热，倒入猪肺，煮3分钟，氽去血水，捞出。

❸ 碗中放入清水、白醋，清洗干净，捞出猪肺，沥干水分。

❹ 锅中注水烧热，放入猪肺、姜片、蜜枣、霸王花、料酒，煮1小时。

❺ 加入盐、鸡粉，拌匀，关火后盛出煮好的汤料即可。

霸王花猪肺汤

▌烹饪时间：63分钟 ▌营养功效：养心润肺

🌶 原料

猪肺150克，水发霸王花130克，蜜枣、姜片各少许

🍲 调料

盐2克，鸡粉2克，白醋、料酒各适量

制作指导：

猪肺比较难清洗干净，因此需将水灌进猪肺，反复挤压清洗至变白。

猪肺冬瓜汤

| 烹饪时间：32分钟 | 营养功效：养心润肺

🌶️ 原料

猪肺200克，冬瓜200克，姜片少许

🍲 调料

盐2克，胡椒粉、鸡粉各少许，料酒3毫升

🍴 做法

①将洗净去皮的冬瓜切成小块。

②洗净的猪肺切开，改切成小块。

③锅中注入适量清水烧开，倒入切好的猪肺，搅拌匀。

④再煮1分钟，捞出，沥干水分，待用。

⑤砂锅中注入适量清水，用大火烧开。

⑥撒上姜片，倒入猪肺、冬瓜块，再淋入少许料酒。

⑦盖上盖，用大火烧开，转小火续煮30分钟，至食材熟透。

⑧揭开盖子，加入盐、鸡粉，撒上胡椒粉，拌匀即成。

莲子补骨脂猪腰汤

▮ 烹饪时间：43分钟　▮ 营养功效：保肝护肾

🌶 原料

水发莲子120克，姜片20克，芡实40克，
补骨脂10克，猪腰300克

🍲 调料

盐3克，鸡粉2克，料酒10毫升

🍴 做法

❶洗好的猪腰切开，去除筋膜，切成小块，备用。

❷砂锅中注入适量清水烧开。

❸倒入补骨脂、芡实，撒入姜片，放入洗好的莲子。

❹盖上盖，用小火煮20分钟，至药材析出有效成分。

❺揭开盖，倒入切好的猪腰，淋入料酒。

❻盖上锅盖，用小火续煮20分钟，至食材熟透。

❼揭开盖，放入少许盐、鸡粉。

❽搅拌片刻，至食材入味，将煮好的汤盛出，装入碗中即可。

杜仲核桃炖猪腰

▎烹饪时间：32分钟　▎营养功效：保肝护肾

🌶 原料

猪腰300克，杜仲15克，核桃仁25克，姜片、葱花各少许

🍲 调料

盐2克，鸡粉2克，胡椒粉1克，料酒少许

> **制作指导：**
> 切好的猪腰可先用少许料酒和盐腌渍片刻，以去除其腥味。

🍴 做法

❶ 将洗好的猪腰对半切开，去除筋膜，切成片。

❷ 锅中注水烧热，放入料酒、猪腰，汆去血水，捞出。

❸ 砂锅中注水烧开，放入猪腰，加入杜仲、核桃、姜片。

❹ 淋入料酒，拌匀，烧开后用小火炖煮30分钟至食材熟透。

❺ 加入盐、鸡粉、胡椒粉，搅拌均匀，盛出后放入葱花即可。

✂ 做法

❶洗好的香菇切成小块；洗净去皮的冬瓜去瓤切块。

❷处理好的猪腰对半切开，切掉筋膜，改切成片。

❸锅中注水烧开，倒入猪腰，汆去血水，捞出。

❹砂锅中注水烧开，放入荷叶、薏米、姜片、香菇、猪腰、冬瓜块。

❺淋入料酒，小火煮30分钟，加入盐、鸡粉，略煮后盛出即可。

冬瓜荷叶薏米猪腰汤

▌烹饪时间：31分30秒　▌营养功效：清热解毒

🌶 原料

冬瓜300克，猪腰300克，水发香菇40克，水发薏米75克，荷叶9克，姜片25克

🍲 调料

盐2克，鸡粉2克，料酒10毫升

制作指导：

可以在冬瓜块上切上花刀，这样冬瓜煮起来更易入味。

参芪陈皮煲猪心

| 烹饪时间：125分钟 | 营养功效：增强免疫力

原料

猪心400克，瘦肉150克，胡萝卜200克，
党参20克，黄芪15克，陈皮少许

调料

盐3克

做法

①洗净去皮的胡萝卜切滚刀块，待用。

②处理好的瘦肉切成条，再切成块。

③处理好的猪心切成条，再切成块。

④锅中注水烧开，倒入猪心，余去血水，捞出，沥干水分。

⑤再倒入瘦肉，搅拌片刻，去除血水，捞出，沥干水分。

⑥砂锅中注水烧热，倒入猪心、瘦肉，加入胡萝卜块。

⑦放入党参、陈皮、黄芪，拌匀，烧开后转小火煮2小时。

⑧加入盐，搅匀调味，将煮好的汤盛出装入碗中即可。

莲子茯神炖猪心

▮烹饪时间：122分钟 ▮营养功效：益气补血

原料

猪心200克，茯神10克，莲子15克，姜片
少许

调料

盐2克，鸡粉2克，料酒适量

做法

①洗净的猪心切片。

②锅中注入清水烧
开，放入猪心，汆去
血水，捞出。

③锅中注水烧开，放
入盐、鸡粉、料酒，
拌匀，调成汤汁。

④把姜片放入炖盅，
倒入汆过水的猪心，
放入茯神、莲子。

⑤炖盅中舀入调好的
汤汁。

⑥用保鲜膜将炖盅封
好，放入蒸锅中。

⑦盖上盖，用小火炖2
小时至食材熟透。

⑧取出炖盅，去掉保
鲜膜即可。

❶锅中注水烧开，放入切好的猪心，氽去血水，捞出，过冷水。

❷砂锅中注入高汤烧开，加少许盐调味。

❸放入姜片和氽过水的猪心，拌匀，盖上盖，用大火煮滚。

❹揭盖，放入洗好的枸杞，搅拌均匀，用小火煮2小时。

❺用勺搅拌片刻，关火后盛出煮好的汤料，装入碗中即可。

枸杞猪心汤

▌烹饪时间：122分钟　　▌营养功效：美容养颜

🌶 原料

猪心150克，枸杞10克，姜片少许，高汤适量

🍲 调料

盐2克

制作指导：

猪心氽水时，要将汤中浮沫撇去，这样煮出的汤才不会有腥味。

做法

❶将洗净的冬瓜切成小块；洗好的猪胰切成小块。

❷锅中注水烧开，放入猪胰、料酒，汆去血水，捞出。

❸砂锅中放入清水、姜片、苍术、猪胰，烧开后用小火炖20分钟。

❹倒入冬瓜，搅匀，用小火炖15分钟，至全部食材熟透。

❺放入鸡粉、盐，拌匀，将煮好的汤料盛出，装入碗中即可。

苍术冬瓜猪胰汤

烹饪时间：36分钟　营养功效：清热解毒

原料

冬瓜150克，猪胰80克，苍术、姜片各少许

调料

盐2克，鸡粉2克，料酒3毫升

制作指导：

汆煮猪胰时，可以把血水和浮沫捞去，这样可使汤汁的口感更佳。

猪苓薏米炖猪胰

▌烹饪时间：91分钟 ▌营养功效：增强免疫力

🌶️ 原料

猪胰200克，猪苓10克，薏米50克，姜片少许

🍲 调料

盐、鸡粉各2克，胡椒粉1克，料酒15毫升

🍴 做法

①洗好的猪胰切块，再切成片。

②锅中注入适量清水烧开，倒入猪胰，淋入料酒。

③煮至水沸，汆去血水和杂质。

④捞出汆煮好的猪胰，待用。

⑤砂锅中注水烧开，放入姜片、猪胰、薏米、猪苓、料酒。

⑥盖上盖，烧开后用小火炖90分钟至食材熟透。

⑦揭盖，放入盐、鸡粉，拌匀调味。

⑧加入胡椒粉，拌匀，关火后盛出炖煮好的菜肴即可。

南瓜豌豆牛肉汤

▍烹饪时间：21分钟 ▍营养功效：增强免疫力

🌶 **原料**

牛肉150克，南瓜180克，口蘑30克，豌豆70克，姜片、香叶各少许

🍲 **调料**

料酒6毫升，盐2克，鸡粉2克

🍴 **做法**

❶口蘑洗净切成小块；去皮的南瓜切成片；牛肉切成片。

❷锅中注水烧开，放入豌豆、口蘑、南瓜，氽煮后捞出。

❸再倒入切好的牛肉，氽煮至转色，捞出，沥干水分。

❹砂锅中注入适量的清水，用大火烧热。

❺放入姜片、香叶，倒入牛肉。

❻淋入料酒，放入氽煮好的食材。

❼盖上砂锅盖，烧开后转小火炖20分钟。

❽揭开锅盖，放入鸡粉、盐，拌匀，关火后盛出即可。

无花果牛肉汤

▌烹饪时间：42分钟　▌营养功效：降压降糖

🌶 原料

无花果20克，牛肉100克，姜片、枸杞、葱花各少许

🍲 调料

盐2克，鸡粉2克

🍴 做法

❶将洗净的牛肉切条，改切成丁。

❷把切好的牛肉丁装入碟中，待用。

❸汤锅中注入适量清水，用大火烧开。

❹倒入牛肉，搅匀，煮沸，用勺捞去锅中的浮沫。

❺倒入洗好的无花果，放入姜片，搅拌均匀。

❻盖上锅盖，用小火煮约40分钟，至食材熟透。

❼揭盖，放入适量盐、鸡粉，用勺搅匀调味。

❽把煮好的汤料盛出，装入碗中，撒上葱花即可。

✖ 做法

①洗好的牛肉切厚
片，再切成条，改切
成丁。

②锅中注水烧开，放
入牛肉丁、料酒，汆
去血水，捞出。

③锅中倒入清水烧
开，放入牛肉丁、姜
片、补骨脂。

④搅拌均匀，淋入料
酒，煮沸后盖上盖，
用小火炖90分钟。

⑤揭开盖，加入盐、
鸡粉调味，关火后盛
出汤料即可。

补骨脂炖牛肉

▌烹饪时间：92分钟 ▌营养功效：保肝护肾

🌶 原料

补骨脂6克，姜片12克，牛肉200克

🍲 调料

盐2克，鸡粉2克，料酒16毫升

制作指导：

炖煮牛肉时要用小火，
以免将汤汁熬干。

牛肉蔬菜汤

▎烹饪时间：8分钟　▎营养功效：增高助长

🌶️ 原料

土豆150克，洋葱150克，番茄100克，牛肉200克，蒜末、葱段各少许

🍲 调料

盐、鸡粉各3克，料酒10毫升，水淀粉适量

🍴 做法

❶将洗好的番茄切成片，备用。

❷洗净去皮的土豆对半切开，再切片；洗好的洋葱切成块。

❸洗净的牛肉切片，加盐、鸡粉、料酒、水淀粉，拌匀腌渍。

❹沸水锅中倒入切好的土豆，煮1分钟至其断生。

❺放入洋葱，煮约2分钟至食材熟软。

❻加入葱段、蒜末、番茄，拌匀。

❼加入腌好的牛肉，搅拌均匀，煮至食材熟透。

❽加入盐、鸡粉，拌匀，关火后盛出汤料，装入碗中即可。

✗ 做法

① 将去皮洗净的胡萝卜、白萝卜均切成滚刀块。

② 锅中注水烧开，倒入牛腩块、料酒，煮约2分钟，捞出。

③ 锅中注水烧开，放入葱条、姜片、八角、牛腩块、料酒，煲2小时。

④ 倒入胡萝卜、白萝卜，用小火续煮约30分钟，至食材熟透。

⑤ 拣出八角、葱条和姜片，关火后盛出炖好的汤料即成。

清炖牛肉汤

▌烹饪时间：152分钟　　▌营养功效：增强免疫力

🌶 原料

牛腩块270克，胡萝卜120克，白萝卜160克，葱条、姜片、八角各少许

🍲 调料

料酒8毫升

制作指导：

制作此清汤时，可以放入少许茶叶，不仅香味更浓，而且牛腩也更易煮熟。

牛肉南瓜汤

▍烹饪时间：13分钟 ▍营养功效：益气补血

🌶 原料

牛肉120克，南瓜95克，胡萝卜70克，洋葱50克，牛奶100毫升，高汤800毫升，黄油少许

🍴 做法

❶洗净的洋葱切开，改切成粒状。

❷洗好去皮的胡萝卜切片，再切条，再改切成粒。

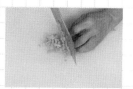
❸洗净去皮的南瓜切片，再切条，改切成小丁块。

❹洗好的牛肉去除肉筋，再切片，切丝，改切成粒，备用。

❺煎锅置于火上，倒入黄油，拌匀，至其溶化。

❻倒入牛肉，炒匀至其变色。

❼放入备好的洋葱、南瓜、胡萝卜，炒至变软。

❽加入牛奶、高汤，拌匀，煮10分钟至食材入味，盛出即可。

灵芝炖牛肉

▮ 烹饪时间：64分钟　▮ 营养功效：益气补血

🌶 原料

牛肉230克，灵芝、枸杞、蒜头、葱条各少许

🍲 调料

盐2克，料酒4毫升

🍴 做法

❶ 洗好的牛肉切条形，改切成丁。

❷ 锅中注入适量清水烧开，倒入牛肉丁，氽煮片刻。

❸ 关火后捞出氽煮好的牛肉丁，沥干水分，装盘待用。

❹ 砂锅中注水烧热，倒入牛肉、灵芝、枸杞、蒜头、葱条。

❺ 加盖，大火炖约2分钟至沸腾。

❻ 淋入料酒，拌匀。

❼ 盖上锅盖，小火炖60分钟至食材熟透。

❽ 揭开盖，加入盐，拌匀，关火后拣出葱条，装入碗中即可。

补气黄芪牛肉汤

| 烹饪时间：2小时　| 营养功效：益气补血

🌶 原料

牛肉120克，白萝卜120克，黄芪8克，姜片、葱花各少许

🍲 调料

盐2克

制作指导：

牛肉的纤维较粗，切的时候用刀背敲打片刻再切，这样煮出来的牛肉口感会更好。

🍴 做法

❶锅中注水烧开，放入切好的牛肉，汆至变色，捞出，过凉水。

❷砂锅中注水烧开，放入牛肉、黄芪，撒入姜片，拌匀。

❸盖上盖，烧开后转小火煮约90分钟。

❹揭盖，放入洗净切好的白萝卜，拌匀。

❺用小火煮30分钟，加盐，拌匀，盛出，撒上葱花即可。

茶树菇煲牛骨

▌烹饪时间：122分钟 ▌营养功效：补钙

🌶 原料

牛骨段500克，茶树菇100克，姜片、葱花各少许

🍲 调料

盐3克，鸡粉2克，料酒少许

🍴 做法

❶洗好的茶树菇切去根部，切成段。

❷锅中注水烧开，倒入洗净的牛骨段。

❸淋入适量料酒，搅散，煮沸，汆去血水，捞出。

❹砂锅中注入适量清水烧开，倒入牛骨。

❺放入姜片、茶树菇，淋入少许料酒。

❻盖上盖，用小火炖煮2小时。

❼揭盖，加入盐，放入鸡粉。

❽拌匀，关火后盛出，撒上葱花即可。

奶香牛骨汤

▌烹饪时间：123分钟　▌营养功效：增强免疫力

🌶 原料

牛奶250毫升，牛骨600克，香菜20克，姜片少许

🍲 调料

盐2克，鸡粉2克，料酒适量

制作指导：

牛奶不宜加热太久，以免破坏其营养。

❶洗净的香菜切段，备用。

❷锅中注水烧开，倒入牛骨、料酒，汆去血水，捞出，沥干水分。

❸砂锅中注水烧开，放入牛骨、姜片、料酒，用小火炖2小时。

❹加入盐、鸡粉调味，倒入牛奶，拌匀，煮至沸。

❺关火后盛出煮好的汤料，装入碗中，放上香菜即可。

做法

❶锅中注入适量清水烧开，倒入洗净的牛骨，搅散。

❷淋入料酒，煮沸，将汆煮好的牛骨捞出，沥干水分。

❸砂锅中注水烧开，倒入牛骨，放入桑葚、枸杞、料酒。

❹盖上盖，用小火炖2小时，至食材熟透。

❺揭开盖，放入盐、鸡粉，拌匀，将炖煮好的汤料盛出即可。

桑葚牛骨汤

▌烹饪时间：124分钟　▌营养功效：保肝护肾

原料

牛骨600克，桑葚15克，枸杞10克，姜片20克

调料

盐3克，鸡粉3克，料酒20毫升

制作指导：

出锅前可以将汤中的浮沫去除，口感会更佳。

胡萝卜玉米牛蒡汤

▎烹饪时间：31分钟 ▎营养功效：降低血脂

🌶️ 原料

胡萝卜90克，玉米棒150克，牛蒡140克

🍲 调料

盐、鸡粉各2克

🍴 做法

❶将洗净去皮的胡萝卜对半切开，切成条形，再切成小块。

❷洗好的玉米棒对半切开，再切成小块。

❸洗净去皮的牛蒡切滚刀块。

❹砂锅中注入适量清水烧开，倒入切好的牛蒡。

❺再放入胡萝卜块，倒入切好的玉米棒。

❻盖上盖，煮沸后用小火煮约30分钟，至食材熟透。

❼取下盖子，加入盐、鸡粉，拌匀，续煮至食材入味。

❽关火后盛出煮好的汤，装入碗中即成。

✗ 做法

❶将洗净的蕨菜切长段；去皮的胡萝卜切条形；牛肚切粗丝。

❷砂锅中注水烧热，倒入牛肚丝、桔梗、胡萝卜、蕨菜。

❸放入葱段、姜片、料酒，拌匀，烧开后用小火煮30分钟。

❹揭盖，倒入洗净的黄豆芽，拌匀。

❺加入盐、胡椒粉，拌匀，煮至黄豆芽熟透，关火后盛出即成。

桔梗牛肚汤

▌烹饪时间：32分钟 ▌营养功效：健脾止泻

🌶 原料

牛肚120克，黄豆芽65克，蕨菜85克，胡萝卜40克，水发桔梗30克，葱段、姜片各少许

🍲 调料

盐2克，胡椒粉少许，料酒5毫升

制作指导：

牛肚可先氽水，这样能减少其腥味。

莲子芡实牛肚汤

■ 烹饪时间：91分钟　■ 营养功效：益气补血

🌶 原料

牛肚250克，水发莲子70克，红枣20克，
芡实30克，姜片25克

🍲 调料

盐2克，鸡粉2克，料酒10毫升

🍴 做法

❶处理干净的牛肚切
成小块。

❷锅中注入清水烧
开，倒入牛肚，搅
散，汆煮至变色。

❸将汆煮好的牛肚捞
出，沥干水分，备用。

❹锅中注水烧开，放
入姜片、莲子、红
枣、芡实、牛肚。

❺淋入适量料酒，搅
拌均匀。

❻盖上盖，烧开后转
小火炖90分钟，至食
材熟透。

❼揭开盖，放入适量
盐、鸡粉，搅拌片
刻，至食材入味。

❽盛出炖煮好的汤
料，装入碗中即可。

✖ 做法

❶处理干净的牛肚切片；洗净的牛肉切成片，备用。

❷锅中注水烧开，倒入牛肚、牛肉片，汆去血水，捞出。

❸锅中注入适量清水烧开，放入备好的麦芽、淮山。

❹淋入料酒，倒入牛肚、牛肉，盖上盖，烧开后用小火炖2小时。

❺揭开盖，放入鸡粉、盐，拌匀，关火后将汤料盛出即可。

麦芽淮山煲牛肚

▌烹饪时间：122分钟　　▌营养功效：增强免疫力

🌶 原料

麦芽20克，淮山45克，牛肉200克，牛肚200克

🍲 调料

鸡粉2克，盐2克

制作指导：

牛肚不易炖烂，切片时可以切得薄一些。

萝卜牛肚煲

烹饪时间：23分钟 | 营养功效：益气补血

🌶 原料

白萝卜300克，牛肚100克，红枣10克，
姜片、葱花各少许

🍲 调料

盐2克，鸡粉2克

🍴 做法

❶将洗净去皮的白萝卜切成丁；洗好的牛肚切成片。

❷将切好的牛肚和白萝卜分别装入盘中，待用。

❸砂锅中注入适量清水，用大火烧开，倒入牛肚。

❹放入洗好的红枣，加入少许姜片，用勺搅拌一会儿。

❺将白萝卜倒入锅中，用勺搅拌匀。

❻盖上锅盖，烧开后用小火再炖20分钟至食材熟烂。

❼揭开盖，加入适量鸡粉、盐，搅匀调味，略煮片刻。

❽再撒入葱花，关火，端下砂锅即成。

萝卜牛尾汤

| 烹饪时间：145分钟 | 营养功效：美容养颜

🌶 原料

牛尾600克，白萝卜400克，姜片、葱花
各少许

🍲 调料

盐3克，鸡粉2克，胡椒粉1克，料酒适量

🍴 做法

①洗净去皮的白萝卜
切条，再切成丁。

②锅中注水烧开，倒
入牛尾，加入料酒，
煮2分钟，氽去血水。

③把氽煮好的牛尾捞
出，沥干水分。

④砂锅中注入清水烧
开，放入姜片、牛
尾、料酒，拌匀。

⑤烧开后用小火炖约2
小时至食材熟软，倒
入白萝卜，搅拌匀。

⑥再盖上盖，用小火
续炖约20分钟至白萝
卜熟透。

⑦揭开盖，加入适量
清水，再盖上盖，煮
至沸。

⑧加入盐、鸡粉，拌
匀，关火后放入葱花、
胡椒粉，拌匀即可。

白玉羊肉汤

▌烹饪时间：65分钟　　▌营养功效：益气补血

🌶 原料

羊肉350克，香菇40克，山楂20克，豆腐
200克，姜块45克，葱条少许

🍴 做法

❶将洗净的豆腐切成小块。

❷洗好的香菇切丁。

❸洗净的山楂切小块；处理好的羊肉切粗条，切成丁。

❹锅中注入适量清水烧开，倒入羊肉丁，汆煮片刻。

❺关火后捞出汆煮好的羊肉丁，沥干水分，装盘待用。

❻砂锅中注水烧热，倒入香菇丁、山楂块、羊肉丁、姜块、葱条。

❼搅拌均匀，加盖，大火煮开转小火煮约60分钟至食材熟透。

❽揭盖，倒入豆腐，拌匀，转大火煮2分钟，关火后盛出即可。

鸡内金羊肉汤

烹饪时间：90分钟 ┃ 营养功效：益气补血

🌶 原料

羊肉320克，红枣25克，鸡内金30克，姜片、葱段各少许

🍲 调料

盐2克，鸡粉1克，料酒适量

🍴 做法

❶将洗净的羊肉切开，再切成条形，改切成丁。

❷锅中注水烧开，倒入羊肉，拌匀，汆去血水。

❸捞出羊肉，沥干水分，待用。

❹砂锅中注入清水烧热，放入鸡内金、姜片、葱段、红枣。

❺盖上盖子，煮开后用小火煮15分钟。

❻揭盖，倒入羊肉，淋入少许料酒，煮开后用小火续煮1小时。

❼加入盐、鸡粉，拌匀，用中小火煮10分钟至食材入味。

❽拌匀，关火后盛出煮好的汤料即可。

羊肉虾皮汤

▌烹饪时间：27分钟 ▌营养功效：保肝护肾

原料

羊肉150克，虾米50克，蒜片、葱花各少许

调料

盐2克

制作指导：

羊肉有膻味，可多加点蒜片去味。

✖ 做法

❶砂锅注入高汤煮沸，放入洗净的虾米、蒜片，拌匀。

❷盖上锅盖，用小火煮约10分钟至熟。

❸揭开锅盖，放入洗净切片的羊肉，拌匀。

❹盖上盖，烧开后煮约15分钟至熟。

❺揭盖，加入盐，搅匀，关火后盛入碗中，撒上葱花即可。

清炖羊肉汤

▌烹饪时间：82分钟　▌营养功效：安神助眠

🌶 原料

羊肉块350克，甘蔗段120克，白萝卜150克，姜片20克

🍲 调料

料酒20毫升，盐3克，鸡粉2克，胡椒粉2克，食用油适量

🍴 做法

❶洗净去皮的白萝卜切长条形，再切段。

❷锅中注入清水烧开，倒入洗净的羊肉块，搅匀，煮1分钟。

❸淋入料酒，汆去血水，捞出羊肉，沥干水分，备用。

❹砂锅中注水烧开，放入羊肉块、甘蔗段、姜片、料酒。

❺盖上盖，烧开后用小火炖1小时，至食材熟软。

❻揭开盖，倒入切好的白萝卜，搅拌均匀。

❼盖上盖，用小火续煮20分钟，至白萝卜软烂。

❽揭盖，加入盐、鸡粉、胡椒粉调味，续煮至入味，盛出即可。

参蓉猪肚羊肉汤

▌烹饪时间：61分钟　　▌营养功效：益气补血

原料

羊肉200克，猪肚180克，当归15克，
肉苁蓉15克，姜片、葱段各适量

调料

盐2克，鸡粉2克

制作指导：

猪肚不易炖烂，可以多
炖一会儿。

❶ 处理干净的猪肚切
成小块；洗好的羊肉
切成小块。

❷ 锅中注水烧开，倒
入羊肉、猪肚、料酒，
汆去血水，捞出。

❸ 砂锅注水烧开，放入
当归、肉苁蓉、姜片、
羊肉、猪肚、料酒。

❹ 盖上盖，烧开后用
小火炖1小时，至食材
熟透。

❺ 揭开盖，放入盐、
鸡粉，拌匀，盛出后
放入葱段即可。

✄ 做法

❶锅中注水烧开，倒入羊肉，淋入料酒，汆去血水，捞出。

❷砂锅中注入清水烧开，倒入洗净的黑豆，放入羊肉。

❸加入姜片、枸杞，淋入料酒，拌匀。

❹盖上盖，烧开后用小火炖1小时，至食材熟透。

❺揭开盖，放入盐、鸡粉，拌匀，关火后盛出汤料即可。

枸杞黑豆炖羊肉

▌烹饪时间：61分钟 ▌营养功效：美容养颜

🌶 原料

羊肉400克，水发黑豆100克，枸杞10克，姜片15克

🍲 调料

料酒15毫升，盐2克，鸡粉2克

制作指导：

黑豆在烹煮前先用温水泡一晚上，这样更易煮熟透。

PART 4
营养禽蛋汤，
鲜香滋补很简单

汤煲从来就是炎黄子孙膳食结构中能顶半边天的一片美食领域，而禽、蛋类食品营养丰富，是人体所需营养素的优质来源，对身体十分有益，如鸡肉可以补血养颜，鸭肉可以清热滋阴，而各种蛋类中的氨基酸组成与人体十分接近，是食物中最理想的优质蛋白质。禽、蛋入汤，既简单又营养。本章将为你奉上鲜嫩滋补的禽、蛋汤品，让你可以轻松做出营养美味禽、蛋汤，而且款款好汤都能让你尽享口福！

✖ 做法

❶锅中注入适量清水烧热，倒入洗净的鸡肉块，拌匀、搅散。

❷汆煮一会儿，去除血渍后捞出，沥干水分，待用。

❸砂锅注水烧热，倒入鸡肉块、灵芝、红枣、蜜枣、桂圆肉和姜片。

❹盖上盖，烧开后转小火煮约120分钟，至食材熟透。

❺揭盖，加入盐，拌煮至汤汁入味，关火后盛出即可。

灵芝红枣鸡汤

▎烹饪时间：122分钟　▎营养功效：保肝护肾

🌶 原料

鸡肉块240克，灵芝8克，红枣、蜜枣、桂圆肉、姜片各少许

🍲 调料

盐2克

制作指导：

调味时，要将浮沫以及浮油去除，以免影响汤品的口感。

猴头菇荷叶冬瓜鸡汤

┃烹饪时间：92分钟 ┃营养功效：生津止渴

 原料

鸡肉块200克，猴头菇25克，冬瓜肉100克，干荷叶少许，
水发芡实90克，水发薏米110克，水发干贝50克，姜片8克

调料

盐少许

做法

❶将洗净的冬瓜肉切滚刀块；洗好的猴头菇切小块。

❷锅中注水烧开，倒入洗净的鸡块，汆去杂质，捞出沥水。

❸另起锅，注水烧开，放入猴头菇，焯煮30秒，捞出沥水。

❹砂锅中注入适量清水烧热，倒入汆好的鸡肉。

❺放入冬瓜块，倒入洗净的干荷叶，放入焯过水的猴头菇。

❻倒入洗净的芡实、薏米，撒上干贝、姜片，搅散。

❼盖上盖，烧开后转小火煮约90分钟，至食材熟透。

❽揭盖，加入盐，煮至汤汁入味，关火后盛出，装碗即可。

✂ 做法

❶锅中注水烧开，倒入洗净的鸡块，汆去血渍，捞出，沥干水分。

❷砂锅注水烧开，倒入鸡肉块、灵芝和洗净的黑木耳、茶树菇。

❸放入洗净的黑豆，倒入备好的蜜枣、桂圆肉、姜片，拌匀。

❹盖上盖，烧开后转小火煮约150分钟，至食材熟透。

❺揭盖，加盐，煮至汤汁入味，关火后盛出鸡汤，装碗即可。

灵芝茶树菇木耳煲鸡

▌烹饪时间：152分钟 ▌营养功效：保肝护肾

🌶 原料

鸡肉块350克，茶树菇90克，水发黑木耳100克，灵芝、姜片各少许，黑豆45克，蜜枣、桂圆肉各适量

🍲 调料

盐3克

制作指导：

茶树菇的根部口感较差，煲汤前最好将根部切除干净。

香菇田七鸡汤

▌烹饪时间：55分钟 ▌营养功效：增强免疫力

🌶 原料

鸡肉块350克，水发香菇30克，胡萝卜120克，姜片、田七、枸杞、党参各少许

🍲 调料

盐、鸡粉各2克，料酒4毫升

🍴 做法

❶洗净去皮的胡萝卜切滚刀块；洗好的香菇去蒂，对半切开。

❷锅中注入适量清水烧开，倒入洗好的鸡肉块，拌匀。

❸汆去血水，捞出材料，沥干水分，放入盘中，备用。

❹砂锅中注入适量清水烧热，倒入姜片、田七、党参。

❺放入胡萝卜、鸡肉，倒入香菇。

❻盖上盖，烧开后用小火煮约45分钟，至食材熟透。

❼揭开盖，放入备好的枸杞，用中火煮约5分钟。

❽加入盐、鸡粉、料酒，拌匀关火，盛出煮好的汤料即可。

猴头菇煲鸡汤

| 烹饪时间：31分钟 | 营养功效：开胃消食

🌶️ **原料**

水发猴头菇50克，玉米块120克，鸡肉块350克，姜片少许

🍲 **调料**

鸡粉2克，盐2克，料酒8毫升

🍴 **做法**

①洗好的猴头菇切成小块。

②锅中注水烧开，倒入鸡块、料酒，拌匀煮沸，汆去血水。

③把汆煮好的鸡肉块捞出，沥干水分，放入盘中待用。

④砂锅中注入适量清水烧开，放入玉米块、猴头菇。

⑤倒入汆过水的鸡肉块，放入姜片，淋入适量料酒，搅拌匀。

⑥盖上盖，烧开后用小火煮30分钟，至食材熟透。

⑦揭开盖子，放入少许鸡粉、盐，用勺拌匀调味。

⑧关火后盛出煲好的鸡汤，装碗即可。

白芍山药鸡汤

▌烹饪时间：43分钟 ▌营养功效：保肝护肾

🌶 原料

鸡肉400克，山药100克，白芍12克，水发莲子50克，枸杞10克

🍲 调料

料酒8毫升，盐2克，鸡粉2克

制作指导：
山药切开时会有黏液，极易滑刀伤手，可以先用清水加少许醋浸泡，这样可减少黏液。

🍴 做法

❶洗净去皮的山药切成厚块，再切成条，改切成丁。

❷锅中注水烧开，倒入洗净的鸡肉，汆去血水捞出，沥干水。

❸砂锅中注水烧开，倒入洗好的白芍、莲子、枸杞。

❹放入山药丁、鸡块、料酒，盖上盖，用小火煮40分钟。

❺揭开盖，放入少许盐、鸡粉，拌入味，关火后盛出即可。

首乌黑豆红枣鸡汤

▌烹饪时间：155分钟　▌营养功效：保肝护肾

🌶 原料

鸡肉块400克，水发黑豆85克，黄芪、桂圆肉、首乌、红枣、姜片、葱段各适量

🍲 调料

盐3克

🍴 做法

①锅中注入适量清水烧热，倒入洗净的鸡肉块，拌匀。

②余煮约3分钟，去除血渍后捞出，沥干水分，待用。

③砂锅中注入适量清水烧热，倒入余过水的鸡肉块。

④放入洗好的首乌，倒入桂圆肉、红枣和黄芪。

⑤倒入洗净的黑豆，撒上备好的姜片、葱段，拌匀。

⑥盖上盖，烧开后转小火煮约150分钟，至食材熟透。

⑦揭盖，加入少许盐，拌匀，略煮一会儿至汤汁入味。

⑧关火，盛出煮好的鸡汤，装入碗中即可食用。

鸡汤豆皮丝

▌烹饪时间：4分钟　▌营养功效：开胃消食

🌶 原料

豆皮130克，鸡汤300毫升，鸡胸肉100克，红彩椒40克，香菜少许

🍲 调料

盐、鸡粉、胡椒粉各1克，料酒5毫升，食用油适量

制作指导：

鸡胸肉可以事先用调料腌渍一会儿，这样煮出来更入味。

🍴 做法

❶洗净的豆皮切方块，卷起切丝；洗好的红彩椒、鸡胸肉切丝。

❷热锅注油，倒入鸡胸肉炒匀，加入料酒、鸡汤，用大火煮开。

❸倒入豆皮丝，拌匀，加入备好的盐、鸡粉、胡椒粉。

❹拌匀，用大火煮开后转中火煮约2分钟至入味。

❺关火后盛出煮好的汤，装碗，放上彩椒丝、香菜即可。

✗ 做法

❶洗净的猴头菇切去根
部，切块；洗好的茶树
菇切去根，切段。

❷锅中注水烧开，倒
入鸡肉块，氽煮片
刻，捞出，沥干水。

❸砂锅注水，倒鸡肉
块、猴头菇、茶树菇、
香菇、黄芪、茯苓。

❹放入枸杞、姜片，
拌匀，加盖，大火煮
开转小火煮3小时。

❺揭盖，加入盐，搅
拌至入味，关火后盛
出，装入碗中即可。

珍菌茯苓黄芪鸡汤

▍烹饪时间：183分钟　　▍营养功效：益气补血

🌶 原料

鸡肉块350克，水发猴头菇150克，水发
香菇80克，水发茶树菇100克，黄芪30
克，茯苓30克，枸杞20克，姜片少许

🍲 调料

盐2克

制作指导：

菇类需要提前浸泡几小
时，这样可以去除异
味，节省烹煮时间。

枸杞木耳乌鸡汤

▌烹饪时间：120分钟　▌营养功效：增强免疫力

🌶 原料

乌鸡400克，木耳40克，枸杞10克，姜片
少许

🍲 调料

盐3克

🍴 做法

①锅中注入适量清
水，用大火烧开。

②倒入备好的乌鸡
块，汆去血渍。

③将鸡块捞出，沥干
水分，待用。

④砂锅中注入适量清
水，用大火烧热。

⑤倒入乌鸡、木耳，
放入枸杞、姜片，搅
拌匀。

⑥盖上锅盖，煮开后
转小火煮2小时至食材
熟透。

⑦掀开锅盖，加入少
许盐，搅拌片刻。

⑧将煮好的鸡汤盛入
碗中即可。

✂ 做法

❶锅中注入适量清水烧开，倒入乌鸡块，汆煮片刻。

❷关火，捞出汆煮好的乌鸡块，沥干水分，待用。

❸砂锅注水，倒入乌鸡块、黑豆、莲子、核桃仁、红枣、桂圆拌匀。

❹加盖，大火煮开后转小火煮3小时至食材熟软。

❺揭盖，加入盐，搅拌片刻至入味，关火，盛出煮好的汤料即可。

黑豆核桃乌鸡汤

▎烹饪时间：182分钟 ▎营养功效：益智健脑

🌶 原料

乌鸡块350克，水发黑豆80克，水发莲子30克，核桃仁30克，红枣25克，桂圆肉20克

🍲 调料

盐2克

制作指导：

如果喜欢甜食，可以加少量冰糖。

五指毛桃黑芝麻乌鸡汤

▌烹饪时间：152分钟　▌营养功效：益气补血

🌶 **原料**

乌鸡块270克，红枣25克，五指毛桃30克，核桃仁20克，黑芝麻粉10克

🍲 **调料**

盐2克

🍴 **做法**

❶锅中注入适量清水烧开，倒入洗净的乌鸡块，拌匀。

❷汆煮一会儿，去除血渍后捞出，沥干水分，待用。

❸砂锅中注入适量清水烧热，倒入汆好的乌鸡块。

❹放入备好的五指毛桃、核桃仁和红枣，用大火煮沸。

❺去除浮沫，再撒上备好的黑芝麻粉，用勺子拌匀。

❻盖上盖，转小火煮150分钟至食材熟透。

❼揭盖，加入少许盐，拌匀、略煮，至汤汁入味。

❽关火后盛出煮好的汤料，装入碗中即可。

西洋参虫草花炖乌鸡

| 烹饪时间：3小时 | 营养功效：增强免疫力

🌶 原料

乌鸡300克，虫草花15克，西洋参8克，姜片少许

🍲 调料

盐2克

🍴 做法

①锅中注入适量清水，用大火烧开。

②倒入备好的乌鸡块，搅匀，余煮片刻，去除血水。

③将乌鸡捞出，沥干水分，待用。

④砂锅中注入适量清水，用大火烧热。

⑤倒入乌鸡、虫草花、西洋参、姜片，搅匀。

⑥盖上锅盖，煮开后转小火煮约3小时至食材熟透。

⑦掀开锅盖，加入少许盐，搅匀调味。

⑧将鸡汤盛出，装入碗中即可。

花生鸡爪节瓜汤

▌烹饪时间：61分钟　▌营养功效：清热解毒

🌶 原料

节瓜180克，鸡爪200克，猪骨100克，花生米40克，荷叶5克，红枣20克，姜片少许

🍲 调料

料酒5毫升，鸡粉2克，盐2克

🍴 做法

❶洗净去皮的节瓜去瓤，切块；处理好的鸡爪切去爪尖。

❷砂锅中注水烧开，倒入鸡爪、猪骨、花生米，煮1分钟捞出。

❸砂锅中注入适量清水，用大火烧热。

❹倒入姜片，放入氽煮好的食材。

❺放入节瓜、红枣、荷叶，淋入料酒，搅拌均匀。

❻盖上锅盖，烧开后转小火炖1小时。

❼揭开锅盖，放入盐、鸡粉，用勺搅匀调味。

❽关火后将煮好的汤盛入碗中即可。

红薯芡实鸡爪汤

▌烹饪时间：53分钟　　▌营养功效：增强免疫力

🌶 原料

鸡爪260克，红薯180克，胡萝卜100克，
水发花生米35克，红枣、芡实各少许

🍲 调料

盐2克

🍴 做法

❶洗净去皮的红薯、胡萝卜切块；鸡爪切去爪尖，对半切开。

❷锅中注水烧开，倒入鸡爪，略煮捞出，沥干水分，放凉。

❸砂锅中注水烧热，倒入氽过水的鸡爪。

❹再放入花生米、红枣、芡实，搅拌片刻至食材混合均匀。

❺盖上盖，烧开后用小火煮20分钟至食材熟透。

❻揭盖，倒入备好的红薯、胡萝卜，搅拌均匀。

❼再盖上盖，用小火煮约30分钟至食材完全熟软。

❽揭盖，撇去浮沫，加入盐调味，关火后盛出即可。

莲藕章鱼花生鸡爪汤

▌烹饪时间：32分钟 　▌营养功效：益气补血

🌶 原料

鸡爪250克，莲藕200克，水发眉豆100克，排骨块150克，章鱼干80克，花生米50克

🍲 调料

盐2克

制作指导：

莲藕切好后可以放入水中浸泡片刻，以防氧化变黑。

🍴 做法

❶ 洗净的莲藕切块；洗好的章鱼干切块。

❷ 锅中注水烧开，倒入排骨块、鸡爪，汆煮片刻，捞出。

❸ 砂锅注水，倒入鸡爪、莲藕、章鱼干、排骨、眉豆、花生。

❹ 加盖，大火煮开转小火煮30分钟至食材熟透。

❺ 揭盖，加入盐调味，关火后盛入碗中即可。

何首乌黑豆煲鸡爪

▋烹饪时间：42分钟　▋营养功效：养心润肺

🌶 原料

鸡爪200克，猪瘦肉100克，何首乌10克，红枣10克，水发黑豆80克

🍲 调料

料酒20毫升，盐2克，鸡粉2克

🍴 做法

❶洗好的猪瘦肉切成片；处理好的鸡爪切去爪尖。

❷锅中倒水烧开，放入猪瘦肉、鸡爪，淋入料酒，汆去血水。

❸将汆煮好的食材捞出，沥干水分，放入盘中，待用。

❹砂锅中注入适量清水烧开，倒入洗净的何首乌、红枣。

❺再倒入洗好的黑豆、瘦肉、鸡爪，淋入少许料酒，拌匀。

❻盖上盖，烧开后用小火炖40分钟，至食材熟透。

❼揭开盖，加入少许盐、鸡粉，搅拌片刻，至食材入味。

❽关火后盛出锅中的食材，装入碗中即可食用。

❶锅中注水烧开，倒入去甲的鸡爪，焯煮片刻捞出，过凉水。

❷砂锅注水，倒入芡实、鸡爪、胡萝卜、蜜枣、花生，拌匀。

❸盖上盖，用大火煮开后转小火续煮30分钟至食材熟软。

❹揭盖，撇去浮沫，倒入切好的苹果，搅拌均匀。

❺续煮10分钟，加入盐，拌匀，关火后盛出，装碗即可。

芡实苹果鸡爪汤

■ 烹饪时间：45分钟　■ 营养功效：美容养颜

🌶 原料

鸡爪6只，苹果1个，芡实50克，花生米15克，蜜枣1颗，胡萝卜丁100克

🍲 调料

盐3克

制作指导：

焯煮鸡爪时可以加入适量生姜，这样去腥的效果更好。

做法

① 洗净的鸡爪切去爪尖，斩成小块。

② 锅中注水烧开，倒入鸡爪，煮至沸，捞出，沥干水，待用。

③ 砂锅倒水烧开，倒入鸡爪、洗净的桑寄生、连翘、蜜枣、姜片。

④ 盖上盖，用小火煮40分钟，至食材完全熟透。

⑤ 揭开盖，放入少许盐、鸡粉调味，盛出即可。

桑寄生连翘鸡爪汤

■ 烹饪时间：41分钟　　■ 营养功效：保肝护肾

🌶 原料

鸡爪350克，桑寄生15克，连翘15克，蜜枣2颗

🍲 调料

盐2克，鸡粉2克

制作指导：

鸡爪的筋较多，煮好后可以多焖一会儿，口感会更好。

山药胡萝卜鸡翅汤

| 烹饪时间：32分钟 | 营养功效：降压降糖

🌶 原料

山药180克，鸡中翅150克，胡萝卜100克，姜片、葱花各少许

🍲 调料

盐2克，鸡粉2克，胡椒粉少许，料酒适量

🍴 做法

①洗净去皮的山药对半切开，再切成条，改切成丁。

②洗好去皮的胡萝卜切块；洗净的鸡中翅斩成小块。

③锅中注水烧开，倒入鸡中翅，淋入料酒，煮沸，捞出。

④砂锅中注入适量清水，用大火烧开，倒入鸡中翅。

⑤再放入切好的胡萝卜、山药、姜片，搅匀，淋入适量料酒。

⑥盖上盖，转小火煮30分钟左右，至食材熟透。

⑦揭开盖，放入盐、鸡粉、胡椒粉，撇去锅中浮沫，搅拌匀。

⑧把煮好的汤盛出，装入碗中，放入葱花即可。

①洗净去皮的冬瓜切成块。

②锅中注水烧开，倒入鸭肉，余去血水，捞出，沥干水分。

③砂锅中注水烧热，倒入鸭肉、冬瓜、薏米、鸡骨草。

④再加入茯苓、姜片，盖上盖，煮开后转小火煮2小时。

⑤揭盖，加入盐，搅匀关火，将煮好的汤盛入碗中即可。

薏米茯苓鸡骨草鸭肉汤

▌烹饪时间：122分钟　▌营养功效：清热解毒

原料

鸭肉500克，冬瓜300克，水发薏米150克，鸡骨草30克，茯苓20克，姜片少许

调料

盐适量

制作指导：

鸡骨草可以事先用凉水浸泡一会儿，能更好地析出药性。

口蘑嫩鸭汤

▌烹饪时间：6分钟 ▌营养功效：增强免疫力

🌶 **原料**

鸭肉300克，口蘑150克，高汤600毫升，
葱段、姜片各少许

🍲 **调料**

盐2克，料酒5毫升，生粉3克，鸡粉、胡椒
粉、食用油各适量

🍴 **做法**

❶处理好的鸭肉切成片；洗净的口蘑切成薄片。

❷鸭肉装入碗中，加入少许盐、料酒、生粉，拌匀至起浆。

❸锅中注入适量清水烧开，倒入腌渍好的鸭片，余煮片刻。

❹将鸭肉捞出，沥干水分待用。

❺热锅注油，倒入姜片、葱段、爆香。

❻加入鸭肉片，倒入高汤，再放入口蘑，加入少许盐。

❼盖上锅盖，用大火煮开转小火煮5分钟。

❽掀开锅盖，加入鸡粉、胡椒粉，将汤盛入碗中即可。

① 砂锅中倒入适量油，开小火，放入姜片，爆香。

② 锅中倒入胡萝卜、荸荠，炒匀，倒入高汤，盖上盖，煮开。

③ 锅中注水烧开，放入洗净的鸭肉，汆去血水，捞出过冷水。

④ 将鸭肉放入砂锅中，盖上锅盖，煮开后焖煮3小时至熟透。

⑤ 揭开锅盖，加入盐、鸡粉调味，盛出即可。

萝卜荸荠煲老鸭

▌烹饪时间：190分钟　▌营养功效：清热解毒

🌶 原料

胡萝卜200克，鸭肉块300克，荸荠肉100克，姜片少许，高汤适量

🍲 调料

盐2克，鸡粉2克，食用油适量

制作指导：

煲煮此汤的时间较长，因此胡萝卜块可以切得大一些。

大白菜老鸭汤

| 烹饪时间：130分钟 | 营养功效：增强免疫力

原料

白菜段300克，鸭肉块300克，姜片、枸
杞各少许，高汤适量

调料

盐2克

做法

①锅中注入适量清水
烧开，放入洗净的鸭
肉，搅拌匀。

②煮2分钟，搅拌匀，
汆去血水。

③从锅中捞出鸭肉后
过冷水，盛入盘中，
备用。

④另起锅，注入适量
高汤烧开，加入鸭
肉、姜片，拌匀。

⑤盖上锅盖，用大火
煮开后调至中火，炖
1.5小时使鸭肉煮透。

⑥揭开锅盖，倒入白
菜段、洗净的枸杞，
搅拌均匀。

⑦盖上锅盖，煮30分
钟左右。

⑧揭开盖，加盐调
味，将煮好的汤料盛
出即可。

冬瓜干贝老鸭汤

| 烹饪时间：190分钟 | 营养功效：清热解毒

 原料

鸭肉块300克，冬瓜块250克，瘦肉块100克，陈皮1片，干贝50克，高汤适量

调料

盐2克

✗ 做法

①锅中注入适量清水烧开，放入洗净的鸭肉块，搅拌匀。

②煮2分钟，搅拌匀，余去鸭肉的血水。

③从锅中捞出鸭肉后过冷水，盛入盘中。

④另起锅，放高汤烧开，下鸭肉、冬瓜、瘦肉、干贝、陈皮拌匀。

⑤盖上锅盖，用大火煮开后调至中火，炖3小时至食材煮透。

⑥揭开锅盖，加入适量盐。

⑦搅拌均匀，至食材入味。

⑧将煮好的汤料盛出即可。

红豆鸭汤

▍烹饪时间：62分钟　▍营养功效：益气补血

🌶 **原料**

水发红豆250克，鸭腿肉300克，姜片、葱段各少许

🍲 **调料**

盐2克，鸡粉2克，胡椒粉、料酒各适量

制作指导：

食材炖好之后再放盐，味道会更鲜美。

🍴 **做法**

❶锅中注水烧开，倒入鸭腿肉，淋入料酒，汆去血水。

❷捞出汆煮好的鸭腿肉，装入盘中。

❸砂锅中注水烧开，倒入红豆、鸭腿，放入姜片、葱段、料酒。

❹盖上盖，用大火煮开后转小火煮1小时至食材熟透。

❺揭盖，放入盐、鸡粉、胡椒粉，拌匀调味，盛出即可。

佛手鸭汤

| 烹饪时间：122分钟 | 营养功效：保肝护肾

 原料

鸭肉块400克，佛手10克，枸杞、山楂干各10克

 调料

盐、鸡粉各2克，料酒适量

做法

①锅中注水烧热，倒入鸭肉块、料酒，略煮，汆去血水。

②捞出汆煮好的鸭肉，沥干水分，装盘待用。

③砂锅中注入适量清水，倒入汆过水的鸭肉块。

④放入洗净的佛手，倒入备好的山楂干、枸杞，拌匀。

⑤淋入料酒，拌匀。

⑥盖上盖，用大火烧开后转小火续煮2小时至食材熟透。

⑦揭盖，加入盐、鸡粉，拌匀，煮至食材入味。

⑧关火后盛出煮好的汤料，装入碗中即可。

甘草绿豆炖鸭

▌烹饪时间：61分钟 ▌营养功效：清热解毒

原料

鸭肉块300克，水发绿豆120克，甘草、姜片各少许

调料

盐、鸡粉各2克，料酒12毫升

制作指导：

鸭肉先腌渍再炖煮，这样不仅能去除腥味，还更容易入味。

做法

❶锅中注水烧开，倒入洗好的鸭肉块、料酒，拌匀。

❷氽去血水，捞出鸭肉，沥干水分，待用。

❸砂锅中注入清水烧热，倒入甘草、姜片、洗好的绿豆。

❹倒入鸭肉，淋入料酒，盖上盖，烧开后用小火煮约1小时。

❺揭开盖，加入盐、鸡粉，拌匀调味，关火后盛出即可。

❶锅中注水烧开，放入鸭肉，煮2分钟，捞出后过冷水。

❷另起锅，注入高汤烧开，加入鸭肉、薏米、红枣，拌匀。

❸盖盖，调至大火，煮开后调至中火，炖3小时至食材熟透。

❹揭开锅盖，加入适量盐，搅拌均匀至食材入味。

❺将煮好的汤料盛出，装入碗中，撒上葱花即可。

红枣薏米鸭肉汤

▌烹饪时间：190分钟　▌营养功效：安神助眠

🌶 原料

薏米100克，红枣、葱花各少许，鸭肉块300克，高汤适量

🍲 调料

盐2克

制作指导：

薏米可以先用清水浸泡至发，这样能节省烹煮时间。

百部白果炖水鸭

▌烹饪时间：62分钟　▌营养功效：增强免疫力

🌶 原料

鸭肉块400克，白果20克，百部10克，沙参10克，淮山20克，姜片10克

🍲 调料

鸡粉2克，盐2克，料酒少许

🍴 做法

❶锅中注入适量清水，用大火烧开，放入洗净的鸭肉。

❷淋入料酒，搅拌均匀，汆去血水。

❸捞出汆煮好的鸭块，装入盘中。

❹砂锅中注入适量清水烧开，倒入备好的药材。

❺下入姜片，放入汆过水的鸭块。

❻盖上盖，炖约1小时至食材熟透。

❼揭盖，加入少许鸡粉、盐，拌匀调味。

❽关火后盛出煮好的汤料，装入汤碗中即可食用。

做法

① 洗好的茶树菇切去老茎。

② 锅中注水烧开，倒入鸭肉、料酒，氽去血水，捞出。

③ 砂锅中注水烧开，倒入鸭肉、乌梅、姜片、茶树菇、料酒。

④ 盖上盖，烧开后用小火炖煮1小时至食材熟软。

⑤ 揭盖，放入鸡粉、盐、胡椒粉拌匀，关火盛出，撒入葱花即成。

乌梅茶树菇炖鸭

▌烹饪时间：62分钟　　▌营养功效：保肝护肾

原料

鸭肉400克，水发茶树菇150克，乌梅15克，八角、姜片、葱花各少许

调料

料酒4毫升，鸡粉2克，盐2克，胡椒粉适量

制作指导：

氽煮过的鸭肉可再用清水冲洗几遍，去除残余的血渍，使其口感更佳。

无花果茶树菇鸭汤

| 烹饪时间：42分钟 | 营养功效：降低血压

🌶 原料

鸭肉500克，水发茶树菇120克，无花果20克，枸杞、姜片、葱花各少许

🍲 调料

盐2克，鸡粉2克，料酒18毫升

🍴 做法

❶ 洗好的茶树菇切去老茎，切段；洗净的鸭肉斩成小块。

❷ 锅中注入适量清水，用大火烧开，倒入鸭块，搅散。

❸ 加入料酒，拌匀，煮至沸，汆去血水，捞出，沥干水分。

❹ 砂锅中注入适量清水烧开，倒入汆过水的鸭块。

❺ 加入洗净的无花果、枸杞、姜片、茶树菇、料酒，拌匀。

❻ 盖上盖，用小火煮40分钟左右，至食材熟透。

❼ 揭开盖，放入适量鸡粉、盐，用勺搅匀调味。

❽ 将煮好的汤料盛出，装入汤碗中，撒上葱花即可。

银耳鸭汤

▌烹饪时间：32分钟　▌营养功效：益气补血

🌶 **原料**

鸭肉450克，姜片25克，水发银耳100
克，枸杞10克

🍲 **调料**

盐3克，鸡粉2克，料酒适量

🍴 **做法**

❶洗净的银耳切去
根，再切成小块；洗
好的鸭肉斩成小块。

❷锅中注水烧开，倒
入鸭块，煮沸，氽去
血水，捞出。

❸用油起锅，放入姜
片，爆香。

❹倒入鸭块，拌炒
匀，淋入料酒，炒
香，倒入适量清水。

❺用大火加热煮沸，
捞去浮沫，放入洗净
的枸杞。

❻将锅中材料转到砂
锅中，砂锅置于旺火
上，放入银耳。

❼盖上盖，烧开后用
小火炖30分钟至熟。

❽揭盖，放入适量鸡
粉、盐，拌匀调味，
取下砂锅即可。

冬瓜薏米煲水鸭

■ 烹饪时间：37分钟　■ 营养功效：养心润肺

🌶 原料

鸭肉400克，冬瓜200克，水发薏米50克，姜片少许

🍲 调料

盐2克，鸡粉2克，料酒8毫升，胡椒粉少许

🍴 做法

❶将洗净的冬瓜切厚片，改切成小块；把鸭肉斩成小块。

❷锅中注水烧开，加入料酒，放入鸭块，氽去血水，捞出。

❸砂锅中注水烧开，放入少许姜片，倒入洗好的薏米。

❹放入鸭肉，加适量料酒，搅匀。

❺盖上盖，烧开后用小火炖20分钟，至薏米熟软。

❻揭盖，放入冬瓜，搅匀。

❼盖盖，用小火炖15分钟，至食材熟烂。

❽揭盖，放入盐、鸡粉、胡椒粉，搅匀调味，盛出装碗即可。

✖ 做法

①洗净的胡萝卜切滚刀块；洗好的竹笋切滚刀块。

②锅中注水烧开，倒入腊鸭，汆煮片刻，捞出，沥干水分。

③砂锅中注入清水，倒入腊鸭、竹笋、胡萝卜、姜片，拌匀。

④盖上盖，用小火煮1小时至食材熟软。

⑤揭盖，倒入菜心，稍煮片刻，关火，盛入碗中即可。

鲜蔬腊鸭汤

▌烹饪时间：62分钟　　▌营养功效：增强免疫力

🌶 原料

腊鸭腿肉300克，去皮胡萝卜100克，去皮竹笋100克，菜心120克，姜片少许

制作指导：

腊鸭汆煮时间不宜过久，否则营养成分容易流失。

谷芽麦芽煲鸭胗汤

▌烹饪时间：42分钟 ▌营养功效：开胃消食

🌶 **原料**

鸭胗300克，谷芽20克，麦芽40克

🍲 **调料**

盐3克，鸡粉3克，料酒14毫升

🍴 **做法**

❶将处理好的鸭胗切成片。

❷将切好的鸭胗装碗，加入盐、鸡粉、料酒，拌匀腌渍。

❸砂锅中注入适量清水烧开，倒入洗好的谷芽、麦芽，拌匀。

❹盖上盖，用小火煮20分钟，至其析出有效成分。

❺揭开盖，将谷芽和麦芽捞出。

❻倒入腌好的鸭胗，搅拌均匀，淋入适量料酒。

❼盖盖，用小火煮20分钟，至其熟透。

❽揭盖，放入盐、鸡粉调味，关火后盛出，装碗即可。

🍴 做法

①将洗净的圣女果切块；洗好的裙带菜切丝；洗净的鸭血切块。

②锅中注水烧开，倒入鸭血，氽至断生后捞出，沥干水分。

③用油起锅，下入姜末，爆香，倒入圣女果，翻炒几下。

④撒上裙带菜丝，煮片刻至食材析出水分，注入清水拌匀。

⑤加鸡粉、盐，煮沸，倒入鸭血、胡椒粉，煮熟盛出后撒葱花即可。

裙带菜鸭血汤

▌烹饪时间：4分钟 　▌营养功效：补铁

🌶 原料

鸭血180克，圣女果40克，裙带菜50克，姜末、葱花各少许

🍲 调料

鸡粉2克，盐2克，胡椒粉少许，食用油适量

制作指导：

下入鸭血块后，不宜用大火烹煮，以免将鸭血煮老了。

鸭血鲫鱼汤

| 烹饪时间：6分钟 | 营养功效：增强免疫力

原料

鲫鱼400克，鸭血150克，姜末、葱花各少许

调料

盐2克，鸡粉2克，水淀粉4毫升，食用油适量

做法

①将处理干净的鲫鱼剖开，切去鱼头，去除鱼骨，片下鱼肉。

②把鸭血切成片。

③在鱼肉中加入适量盐、鸡粉，拌匀。

④淋入适量水淀粉，搅拌匀，腌渍片刻，备用。

⑤锅中注入适量清水烧开，加入少许盐。

⑥倒入姜末，放入鸭血，拌匀，加入适量食用油，搅拌匀。

⑦放入腌好的鱼肉，煮至熟透，撇去汤中浮沫。

⑧关火后盛出，装入碗中，撒上葱花即可食用。

菌菇冬笋鹅肉汤

| 烹饪时间：52分钟 | 营养功效：降低血糖

🌶 **原料**

鹅肉500克，茶树菇90克，蟹味菇70克，冬笋80克，姜片、葱花各少许

🍲 **调料**

盐2克，鸡粉2克，料酒20毫升，胡椒粉、食用油各适量

🍴 **做法**

❶茶树菇去老茎，切段；洗净的蟹味菇切去老茎；去皮冬笋切片。

❷锅中注水烧开，倒入洗好的鹅肉、料酒，氽去血水，捞出。

❸砂锅中注水烧开，倒入鹅肉，放入姜片，淋入适量料酒。

❹盖上盖，烧开后转小火炖30分钟，至鹅肉熟软。

❺揭开盖，倒入茶树菇、蟹味菇、冬笋片，搅拌片刻。

❻盖上盖，用小火再炖20分钟左右，至食材熟透。

❼揭开盖，放入少许盐、鸡粉、胡椒粉，搅拌至食材入味。

❽关火后盛出炖煮好的汤料，装入汤碗中即可。

田七菊花鸽子汤

| 烹饪时间：91分钟 | 营养功效：益气补血

🌶 原料

乳鸽1只（约600克），田七、白芍、丹参各10克，菊花3克，姜片少许

🍲 调料

盐3克，鸡粉2克，料酒适量

制作指导：

田七不可放太多，以免煮好的汤汁过苦。

🍴 做法

❶锅中注入适量清水烧开，放入处理干净的乳鸽，汆去血水。

❷把汆煮好的乳鸽捞出，装盘备用。

❸砂锅注水烧开，放入姜片、田七、白芍、丹参、菊花、乳鸽、料酒。

❹盖上盖，用小火炖90分钟至食材熟透。

❺揭盖，放入盐、鸡粉，拌匀调味，关火后盛出即可。

黄精海参炖乳鸽

烹饪时间：62分钟 | 营养功效：美容养颜

🌶 原料

乳鸽700克，海参150克，枸杞5克，黄精10克

🍲 调料

盐1克，料酒10毫升

🍴 做法

❶洗净的海参去掉内脏，切去头尾，再对半切开。

❷锅中注入适量清水烧开，放入处理干净的乳鸽。

❸汆去血水后捞出，装入盘中。

❹砂锅中注入清水，放入洗好的黄精、枸杞、乳鸽、海参。

❺加入料酒，拌匀。

❻盖上盖，用大火煮开后转小火炖1小时至食材熟透。

❼揭盖，加入料酒、盐，拌匀。

❽关火后盛出煮好的汤料，装入碗中即可。

❶锅中注水烧开，倒入处理好的乳鸽，略煮一会儿。

❷捞出汆煮好的乳鸽，放入炖盅里。

❸加入备好的姜片、葱段、银耳、陈皮。

❹倒入高汤、盐、鸡粉、料酒，盖上盖，待用。

陈皮银耳炖乳鸽

▌烹饪时间：122分钟　　▌营养功效：益气补血

原料

乳鸽600克，水发银耳15克，水发陈皮2克，高汤300毫升，姜片、葱段各少许

调料

盐2克，鸡粉1克，料酒适量

制作指导：

乳鸽不宜加太多调味品，以免影响其口感。

❺蒸锅中注水烧开，放入炖盅，炖2小时，取出即可。

白芍枸杞炖鸽子

┃ 烹饪时间：41分钟 ┃ 营养功效：降低血糖

原料

鸽肉270克，白芍、枸杞各10克，姜片、葱花各少许

调料

料酒16毫升，盐2克，鸡粉2克

做法

①锅中注入适量清水烧开，倒入鸽肉。

②加入料酒，拌匀，煮沸，氽去血水。

③把鸽肉捞出，沥干水分，待用。

④砂锅注入适量清水烧开，倒入鸽子肉。

⑤放入备好的白芍、枸杞和姜片，淋入适量料酒。

⑥盖上盖，烧开后用小火炖40分钟至熟。

⑦揭开盖子，放入盐、鸡粉，用锅勺搅匀调味。

⑧关火，盛出煮好的汤料，装入汤碗中，撒上葱花即可。

①锅中注水烧开，倒入乳鸽块，淋入少许料酒，汆煮片刻。

②关火后捞出汆煮好的乳鸽块，沥干水分，装盘备用。

③砂锅注水烧开，倒入灵芝、枸杞、南枣、姜片、乳鸽块。

④淋入少许料酒，拌匀，盖上盖，用大火煮开转小火煮1小时。

⑤揭盖，加入盐调味，关火后盛出，装入碗中即可。

灵芝枸杞南枣乳鸽汤

▎烹饪时间：62分钟 ▎营养功效：降低血糖

🌶 **原料**

乳鸽块300克，灵芝、枸杞、南枣、姜片各少许

🍲 **调料**

料酒4毫升，盐2克

制作指导：

枸杞可先用清水泡一会儿，这样更易析出其有效成分。

❶锅中注水烧开，放入洗净的乳鸽肉，煮5分钟，捞出过冷水。

❷砂锅中下高汤烧开，加乳鸽、白果、香菇、姜、葱、山药、料酒。

❸盖盖，调至大火，煮开后调至中火，煮1.5小时至食材熟透。

❹揭开锅盖，放入适量枸杞、鸡粉、盐，拌至食材入味。

❺盖盖，再煮10分钟，揭盖，将煮好的汤料盛出即可。

四宝乳鸽汤

▌烹饪时间：110分钟　　▌营养功效：养颜美容

🌶 原料

山药块200克，白果30克，水发香菇50克，乳鸽肉200克，姜片、枸杞、葱段各少许，高汤适量

🍲 调料

鸡粉2克，盐2克，料酒适量

制作指导：

山药去皮时可以戴上一次性手套，以免其黏液刺激皮肤。

杏仁虫草鹌鹑汤

┃烹饪时间：62分钟 ┃营养功效：益智健脑

🌶️ 原料

鹌鹑200克，杏仁8克，蜜枣10克，冬虫
夏草3克

🍲 调料

盐、鸡粉各2克，料酒5毫升，高汤适量

🍴 做法

①沸水锅中放入处理
好的鹌鹑。

②略煮一会儿，汆去
血水。

③捞出汆煮好的鹌
鹑，备用。

④将汆过水的鹌鹑放
入炖盅，倒入蜜枣、
杏仁、冬虫夏草。

⑤注入适量高汤。

⑥加入少许盐、鸡
粉、料酒。

⑦将炖盅放入烧开的
蒸锅中。

⑧盖上盖，用小火炖1
小时至食材熟透，揭
盖，取出炖盅即可。

✕ 做法

① 锅中注水烧开，倒入鹌鹑肉，汆去血水，捞出，沥干水分。

② 取炖盅，放入鹌鹑肉，加入枸杞、红枣、桂圆肉、姜片。

③ 盛入高汤，加入适量盐、鸡粉，盖好盖，备用。

④ 蒸锅上火烧开，放入炖盅，盖盖，烧开后用小火炖约2小时。

⑤ 揭开盖，取出炖盅，待稍微放凉后即可食用。

红枣枸杞炖鹌鹑

■ 烹饪时间：122分钟　　■ 营养功效：安神助眠

🌶 原料

鹌鹑肉270克，高汤400毫升，枸杞、红枣、桂圆肉、姜片各少许

🍲 调料

盐、鸡粉各2克

制作指导：

将鹌鹑的头部及爪子的皮全部去除，这样可减轻异味。

玉竹虫草花鹌鹑汤

▌烹饪时间：32分钟 ▌营养功效：益气补血

🌶 原料

鹌鹑肉230克，虫草花30克，蜜枣、无花果、淮山各20克，玉竹10克，姜片、葱花各少许

🍲 调料

盐、鸡粉各少许，料酒6毫升

🍴 做法

❶砂锅中注入适量清水烧开，倒入洗净的鹌鹑肉。

❷放入蜜枣，加入洗好的无花果、淮山、玉竹，撒上姜片。

❸再放入洗净的虫草花，搅拌匀，淋上少许料酒提味。

❹盖上盖，煮沸后用小火煲煮约30分钟，至食材熟透。

❺揭开盖，加入少许盐，放入鸡粉，拌匀调味。

❻用中火续煮片刻，至汤汁入味。

❼关火后盛出煮好的鹌鹑汤。

❽装入汤碗中，撒上葱花即可。

菠菜鸡蛋干贝汤

▌烹饪时间：13分钟 ▌营养功效：益气补血

 原料

牛奶200毫升，菠菜段150克，干贝10克，蛋清80毫升，姜片少许

🍲 调料

料酒8毫升，食用油适量

🍴 做法

❶热锅中注入食用油烧热，放入姜片、干贝，爆香。

❷倒入适量清水，搅拌匀，加入少许料酒，搅匀。

❸盖上盖，煮约8分钟至沸腾。

❹揭开盖，倒入洗净切好的菠菜，拌匀。

❺待菠菜煮软后，倒入牛奶，搅拌均匀。

❻煮沸后倒入蛋清，续煮约2分钟。

❼用勺子搅拌均匀。

❽盛出煮好的汤料，装碗即可。

益母草鸡蛋汤

▌烹饪时间：39分钟　　▌营养功效：养颜美容

🌶 原料

熟鸡蛋（去壳）2个，枸杞10克，红枣15克，益母草适量

🍲 调料

红糖25克

制作指导：

放入红糖后可边煮边搅拌，能使甜汤的口感更均匀。

❶砂锅中注入适量清水烧热。

❷倒入益母草，撒上洗净的红枣、枸杞，放入备好的熟鸡蛋。

❸盖盖，烧开后转小火煮约35分钟，至药材析出有效成分。

❹揭盖，倒入红糖，拌匀，转中火续煮约2分钟，至糖分溶化。

❺关火后盛出煮好的鸡蛋汤，装在碗中即可食用。

 做法

❶锅中注入适量清水烧开。

❷放入熟鸡蛋，再加入洗好的银耳、桂圆肉、红枣。

❸搅拌片刻，盖上锅盖，烧开后用大火煮20分钟至食材熟透。

❹揭开锅盖，加入备好的冰糖。

❺搅拌片刻至冰糖完全溶化，将煮好的甜汤盛出，装碗即可。

桂圆红枣银耳炖鸡蛋

■ 烹饪时间：22分钟　　■ 营养功效：益气补血

原料

水发银耳50克，桂圆肉20克，红枣30克，熟鸡蛋1个

调料

冰糖适量

制作指导：

红枣在煮之前可以切开，这样汤的味道会更浓郁。

鱼腥草炖鸡蛋

烹饪时间：23分钟 ┃ 营养功效：清热解毒

原料

鱼腥草25克，鸡蛋1个

做法

①洗净的鱼腥草切成段，备用。

②炒锅注油烧热，转小火，打入鸡蛋，用中火煎至蛋清呈白色。

③翻转鸡蛋，用小火煎约1分钟，关火后盛出煎好的荷包蛋。

④砂锅中注入适量清水烧开，倒入切好的鱼腥草，搅拌匀。

⑤盖上盖，烧开后用小火煮约15分钟。

⑥揭盖，倒入煎好的荷包蛋。

⑦盖上盖，用中火煮约5分钟至熟。

⑧关火后揭开盖，盛出煮好的汤料，装入碗中即可。

 做法

①将鸡蛋打入碗中，待用。

②砂锅中注入适量清水烧开，倒入姜片、桃仁、红花，拌匀。

③盖上盖，用小火煮15分钟，至药材析出有效成分。

④揭盖，倒入蛋液，盖上盖，用小火续煮5分钟，至食材熟透。

⑤揭盖，加入盐，搅拌几下，关火后盛出，装入盘中即可。

红花煮鸡蛋

▌烹饪时间：21分钟　　▌营养功效：降低血压

原料

鸡蛋2个，红花7克，桃仁20克，姜片25克

调料

盐2克

制作指导：

鸡蛋煮至成型后可以用勺子轻轻搅拌几下，以免粘锅。

家常蔬菜蛋汤

▍烹饪时间：2分钟　▍营养功效：益气补血

🌶 原料

菜心150克，黄瓜100克，番茄95克，鸡蛋1个

🍲 调料

盐2克，鸡粉2克，食用油适量

🍴 做法

❶将洗净的菜心切成段，备用。

❷洗好的番茄切成瓣，备用。

❸洗净的黄瓜去皮，切长条，去籽，切成小块。

❹鸡蛋打入碗中，搅散调匀。

❺锅中注入适量清水烧开，加入适量食用油、盐、鸡粉。

❻放入切好的黄瓜、番茄，盖上盖，用大火煮沸。

❼揭开盖，放入切好的菜心，煮约1分钟至食材熟软。

❽倒入鸡蛋液，拌匀煮沸，把煮好的汤盛出，装入碗中即成。

做法

① 取一碗，打入鸡蛋，搅散，制成蛋液，备用。

② 锅中注入适量清水烧热，倒入花生。

③ 大火煮开后转小火煮5分钟至熟。

④ 加入盐，再煮片刻至入味。

⑤ 倒入蛋液，略煮至形成蛋花，拌匀盛出即可。

蛋花花生汤

▌烹饪时间：7分钟　　▌营养功效：益气补血

原料

鸡蛋1个，花生50克

调料

盐3克

制作指导：

花生米的红衣营养价值较高，可不用去除。

番茄蛋汤

烹饪时间：3分钟 | **营养功效：开胃消食**

🌶 原料

番茄120克，蛋液50克，高汤适量，葱花少许

🍲 调料

鸡粉、盐、胡椒粉各2克

🍴 做法

①锅中注入备好的高汤烧开。

②放入洗净切块的番茄。

③用勺搅拌均匀。

④开大火煮约1分钟至食材熟透。

⑤加少许鸡粉、盐、胡椒粉，拌匀调味。

⑥倒入打散拌匀的蛋液，边倒边搅拌。

⑦用小火略煮片刻，至蛋花成形。

⑧关火后盛出煮好的汤料，装入碗中，撒上葱花即可。

✖ 做法

❶洗净的瘦肉切片；去皮的熟鸭蛋对半切开，备用。

❷锅中注水烧开，倒入瘦肉，汆煮片刻，捞出，装入盘中。

❸砂锅中注水，倒入生地，加盖，用中火煮15分钟至熟。

❹揭盖，倒入瘦肉、鸭蛋，拌匀。

❺加盖，炖30分钟，揭盖，加入料酒、盐拌匀，盛出即可。

生地鸭蛋炖肉

▌烹饪时间：47分钟　　▌营养功效：开胃消食

🌶 原料

瘦肉150克，熟鸭蛋1个，生地20克，姜片少许

🍲 调料

盐2克，料酒适量

制作指导：

生地需要提前浸泡1小时以上，这样可减少煮制时间。

燕窝炖鹌鹑蛋

▎烹饪时间：56分钟 ▎营养功效：益气补血

🌶 **原料**

熟鹌鹑蛋7个，猪瘦肉130克，火腿65克，水发燕窝30克，无花果、姜片各少许

🍲 **调料**

盐2克，鸡粉2克，料酒3毫升

🍴 **做法**

①将洗净的火腿切块，再切成丁。

②洗好的瘦肉去掉薄膜，切成块。

③锅中注水烧开，倒入瘦肉，氽去血水，捞出，沥干水分。

④砂锅中注水烧热，倒入备好的姜片、无花果。

⑤放入火腿、瘦肉，拌匀，烧开后用小火煮40分钟。

⑥加入料酒、盐，拌匀，倒入鹌鹑蛋，用中小火煮10分钟。

⑦再倒入洗好的燕窝，用中小火炖5分钟左右。

⑧加入少许鸡粉，拌匀，关火后盛出炖煮好的汤料即可。

人参鹌鹑蛋

烹饪时间：21分钟 | 营养功效：益气补血

原料

熟鹌鹑蛋240克，人参10克，黄精10克，陈皮8克

调料

生抽6毫升，盐2克，鸡粉2克，食用油适量

做法

①取一半鹌鹑蛋装碗，放入适量生抽，拌匀，腌渍片刻。

②热锅注油，烧至四成热，放入腌好的鹌鹑蛋，炸至金黄色。

③将炸好的鹌鹑蛋捞出，沥干油，待用。

④砂锅中注水烧开，放入洗好的人参、黄精、陈皮。

⑤倒入另一半鹌鹑蛋，再加入炸好的鹌鹑蛋。

⑥盖上盖，烧开后用小火煮20分钟，至药材析出有效成分。

⑦揭盖，放入少许鸡粉、盐，用勺子拌匀调味。

⑧关火后把煮好的汤料盛出，装入汤碗中即可。

❶锅中注入适量的清水烧开，倒入备好的醪糟，搅拌均匀。

❷盖上锅盖，烧开后再煮20分钟。

❸揭开锅盖，倒入少许白糖，搅拌均匀。

❹倒入熟鹌鹑蛋和洗好的枸杞，盖盖，煮至食材入味。

枸杞鹌鹑蛋醪糟汤

▋ 烹饪时间：23分钟　　▋营养功效：益智健脑

🌶️ 原料

枸杞5克，醪糟100克，熟鹌鹑蛋50克

🍲 调料

白糖适量

制作指导：

煮好的鹌鹑蛋放在冷水中浸泡一会儿，能更好地去皮。

❺揭盖，搅拌匀，关火后将煮好的汤水盛出，装碗即可。

✕ 做法

❶洗净去皮的木瓜切小块；洗好的银耳切成小块。

❷砂锅中注入适量清水烧开，放入红枣、木瓜、银耳，搅匀。

❸盖上盖，用小火炖20分钟左右，至食材熟软。

❹揭开盖，放入鹌鹑蛋、冰糖，煮5分钟，至冰糖溶化。

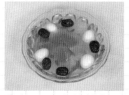

❺加入洗净的枸杞，略煮片刻，关火后盛出即可。

木瓜银耳炖鹌鹑蛋

▌烹饪时间：27分钟　　▌营养功效：降低血压

🌶 原料

木瓜200克，水发银耳100克，鹌鹑蛋90克，红枣20克，枸杞10克

▬ 调料

白糖40克

制作指导：

红枣有甜味，因此可以少加点白糖。

马齿苋蒜头皮蛋汤

┃ 烹饪时间：3分钟　┃ 营养功效：清热解毒

原料

马齿苋300克，皮蛋100克，蒜头、姜片
各少许

调料

盐2克，芝麻油3毫升，食用油少许

做法

①去皮的蒜头用刀背
拍扁。

②择洗好的马齿苋切
成段。

③皮蛋去外壳，切成
瓣儿。

④热锅注油烧热，放
入备好的姜片、蒜
头，爆香。

⑤注入适量清水，盖
上锅盖，大火煮开。

⑥掀开锅盖，倒入皮
蛋、马齿苋。

⑦加入少许盐、芝麻
油，搅匀调味。

⑧将煮好的汤盛出，
装入碗中即可。

做法

❶皮蛋去壳，切成粒；洗好的鸡胸肉切成丁，备用。

❷锅中注水烧开，倒入鸡胸肉、料酒，略煮，捞出，装盘。

❸另起锅，倒入高汤烧开，放入鸡胸肉、姜末，煮约1分钟。

❹放入切好的皮蛋，加入盐、鸡粉、料酒，拌匀，煮至食材熟透。

❺倒入蛋清，拌匀，撒上葱花，淋入芝麻油，盛出即可。

皮蛋鸡米羹

▎烹饪时间：4分钟　　▎营养功效：增强免疫力

🌶 **原料**

鸡胸肉130克，皮蛋1个，高汤800毫升，蛋清、葱花、姜末各少许

🍲 **调料**

盐、鸡粉各1克，料酒、芝麻油各少许

制作指导：

鸡胸肉氽好后可以过一下凉开水，这样口感会更好。

PART 5
鲜美水产汤，
营养美味最滋补

中国古语有"山珍海味"，民谚有"借钱吃海货不算不会过"，民间也一直有着"年年有鱼"的说法，可见，水产在老百姓心中的位置。用水产品做汤，不仅可以让水产更加多滋多味、营养滋补，而且可以让餐桌增加一点鲜味。本章将列出各式鲜美水产汤，让钟爱河海鲜的你，轻松做出鲜美河海鲜汤，让你的餐桌天天不重样。

🍴 做法

❶草鱼块装盘，放入少许盐、料酒，拌匀，腌渍约10分钟。

❷起油锅，倒入姜片，爆香，放入鱼块，煎一会儿。

❸撒上蒜末，再倒入啤酒，加入盐、鸡粉，拌匀调味。

❹盖上盖，煮沸后用小火煮约5分钟，至食材熟透。

❺取下盖子，搅拌几下，盛出汤料，装碗，撒上葱段即成。

啤酒炖草鱼

▌烹饪时间：20分钟　▌营养功效：美容养颜

🌶 原料

草鱼块350克，啤酒200毫升，姜片、蒜末、葱段各少许

🍲 调料

盐3克，鸡粉2克，料酒4毫升，食用油适量

制作指导：

草鱼肉质鲜嫩，煎的时候要不停地转动炒锅，否则容易使鱼肉的味道涩口。

菊花鱼片

烹饪时间：3分钟 | 营养功效：开胃消食

🌶 原料

草鱼肉500克，莴笋200克，高汤200毫升，姜片、葱段、菊花各少许

🍲 调料

盐3克，鸡粉3克，水淀粉4毫升，食用油适量

🍴 做法

①洗净去皮的莴笋切成段，再切成薄片。

②处理干净的草鱼肉切成双飞鱼片。

③取一个碗，倒入鱼片，加入盐、水淀粉，拌匀腌渍片刻。

④热锅中注入食用油，倒入姜片、葱段，翻炒爆香。

⑤倒入少许清水，倒入高汤，用大火煮开。

⑥倒入莴笋片，搅匀煮至断生，加入盐、鸡粉，倒入鱼片。

⑦倒入菊花，搅拌片刻，稍煮一会儿使鱼肉熟透。

⑧关火，将煮好的鱼肉盛入碗中即可。

❶洗好的茶树菇切去
老茎；洗净的草鱼肉
切成双飞片。

❷鱼片加料酒、盐、鸡
粉、胡椒粉、水淀粉、
芝麻油，拌匀腌渍。

❸锅中注水烧开，放
入茶树菇，煮1分钟，
捞出，沥干水。

❹另起锅，倒入适量
清水烧开，倒入茶树
菇、姜片，搅匀。

❺加芝麻油、盐、鸡
粉、胡椒粉、鱼片，煮
熟盛出，撒葱花即可。

🍴 做法

茶树菇草鱼汤

▌烹饪时间：3分30秒　▌营养功效：降低血糖

🌶 原料

水发茶树菇90克，草鱼肉200克，姜
片、葱花各少许

🍲 调料

盐3克，鸡粉3克，胡椒粉2克，料酒5
毫升，芝麻油3毫升，水淀粉4毫升

制作指导：

草鱼肉容易熟，煮的时
间不宜太长，否则容易
煮老。

苹果炖鱼

烹饪时间：8分钟 | 营养功效：保肝护肾

🌶 原料

草鱼肉150克，猪瘦肉50克，苹果50克，红枣10克，姜片少许

🍲 调料

盐3克，鸡粉4克，料酒8毫升，水淀粉3毫升，食用油少许

🍴 做法

❶洗净的苹果切开，去核，切成小块；洗好的草鱼肉切块。

❷洗净的猪瘦肉切块；洗好的红枣切开，去核。

❸切好的瘦肉装碗，放入少许盐、鸡粉、水淀粉，拌匀腌渍。

❹热锅注油，放入姜片，爆香，倒入草鱼块，煎至两面微黄。

❺淋入料酒，倒入清水、红枣，加入盐、鸡粉，拌匀调味。

❻倒入腌好的瘦肉，盖上盖，焖煮约5分钟至熟。

❼揭开盖，倒入苹果块，煮约1分钟。

❽关火后盛出煮好的食材，装入碗中即可食用。

✖ 做法

①洗净去皮的木瓜切块；处理干净的鲢鱼切块，加盐、料酒腌渍。

②锅置火上，淋入橄榄油烧热，放入鱼块，煎至两面断生。

③撒上姜片、葱段，炒出香味，盛入砂锅中，待用。

④砂锅置火上，注水，倒入木瓜块、红枣，煮约10分钟。

⑤加入盐、料酒，搅匀，用小火煮20分钟盛出，装碗即可。

青木瓜煲鲢鱼

▌烹饪时间：31分钟　　▌营养功效：增强免疫力

🌶 原料

鲢鱼450克，木瓜160克，红枣15克，姜片、葱段各少许

🍲 调料

盐3克，料酒8毫升，橄榄油适量

制作指导：

若使用熟木瓜，可以晚点放入，以免煮烂了影响口感。

粉葛鱼头汤

烹饪时间：32分钟　　**营养功效：增强免疫力**

原料

粉葛200克，鲢鱼头400克，姜片、葱花各少许

调料

盐2克，鸡粉2克，食用油适量

做法

① 将洗净的粉葛去皮，切成块；处理干净的鱼头斩成块。

② 煎锅注油烧热，放入姜片，爆香，放入鱼头，煎1分钟。

③ 将鱼头翻面，继续煎制1分钟至焦黄色，盛入盘中。

④ 砂锅中注入适量清水烧开，放入切好的粉葛。

⑤ 盖上盖，烧开后用小火炖15分钟，至粉葛熟软。

⑥ 揭盖，放入煎好的鱼头，盖盖，用小火炖15分钟至熟透。

⑦ 揭盖，放入适量盐、鸡粉，煮一会，捞出浮沫。

⑧ 将煮好的汤料盛出，装入碗中，撒上葱花即成。

🍴 做法

❶洗净的海带切块；起油锅，放入姜片、鲢鱼头，煎至焦黄后盛出。

❷砂锅中注水烧开，放入洗好的黄豆、海带，淋入适量料酒。

❸盖上盖，用大火烧开，转小火炖20分钟，至食材熟透。

❹揭盖，放入煎好的鱼头，用小火煮15分钟，至食材熟烂。

❺加入盐、鸡粉、胡椒粉，搅匀，取下砂锅，放入葱花即可。

海带黄豆鱼头汤

▍烹饪时间：37分钟 ▍营养功效：降压降糖

🌶 原料

鲢鱼头200克，海带70克，水发黄豆100克，姜片、葱花各少许

🍲 调料

盐2克，鸡粉2克，料酒5毫升，胡椒粉、食用油各适量

制作指导：

将鲢鱼头用小火煎至其呈焦黄色，这样煮出来的汤不仅好看，味道也更香醇。

银丝鲫鱼

烹饪时间：14分钟 ▌营养功效：健脾止泻

🥢 原料

鲫鱼800克，去皮白萝卜200克，红彩椒20克，姜丝、葱段各少许

🍲 调料

盐3克，鸡粉、胡椒粉各1克，料酒15毫升，食用油适量

🍴 做法

❶洗净的白萝卜切丝；洗好的红彩椒切丝。

❷在洗净的鲫鱼两面划上一字花刀，抹上盐、料酒，腌渍。

❸热锅注油，放入腌好的鲫鱼，稍煎1分钟至两面微黄。

❹倒入姜丝，加入料酒，注入清水，倒入白萝卜丝，拌匀。

❺加盖，用大火煮开后转小火续煮10分钟至熟软入味。

❻揭盖，加入切好的红彩椒丝。

❼放入盐、鸡粉、胡椒粉，倒入葱段，拌匀。

❽关火后盛出煮好的汤，装在香锅中，放上香菜点缀即可。

苹果红枣鲫鱼汤

┃烹饪时间：20分钟　┃营养功效：益气补血

🌶 原料

鲫鱼500克，去皮苹果200克，红枣20克，香菜叶少许

🍲 调料

盐3克，胡椒粉2克，水淀粉、料酒、食用油各适量

🍴 做法

❶洗净的苹果去核，切成块。

❷鲫鱼身上加盐抹匀，淋入料酒，腌渍10分钟至入味。

❸用油起锅，放入腌渍好的鲫鱼，煎约2分钟至金黄色。

❹注入适量清水，倒入红枣、苹果，大火煮开。

❺加入盐，拌匀。

❻加盖，中火续煮5分钟至入味。

❼揭盖，加入胡椒粉，拌匀。

❽倒入水淀粉，拌匀后将煮好的汤装入碗中，放上香菜叶即可。

凉薯胡萝卜鲫鱼汤

▌烹饪时间：67分钟　▌营养功效：益智健脑

原料

鲫鱼600克，去皮凉薯250克，去皮胡萝卜150克，姜片、葱段、罗勒叶各少许，清水适量

调料

盐2克，料酒5毫升，食用油适量

制作指导：

热锅注油前可用姜片来回擦拭锅底，这样可防止煎鱼时粘锅。

做法

❶洗净的胡萝卜切滚刀块；洗好的凉薯切滚刀块。

❷在洗净的鲫鱼身上划四道口子抹上盐，淋上料酒，腌渍5分钟。

❸热锅注油，放入腌好的鱼，煎约2分钟至两面微黄。

❹加入姜片、葱段，爆香，倒入清水、凉薯、胡萝卜、盐，焖1小时。

❺揭盖，盛出煮好的鱼汤，用罗勒叶点缀即可。

香芋煮鲫鱼

烹饪时间：25分钟 | 营养功效：健脾止泻

🌶 原料

净鲫鱼400克，芋头80克，鸡蛋液45克，枸杞12克，姜丝、蒜末各少许，清水适量

🍲 调料

盐2克，白糖少许，食用油适量

🍴 做法

❶将去皮洗净的芋头切细丝。

❷处理干净的鲫鱼切上一字花刀，撒上盐，腌渍15分钟。

❸热锅注油烧热，倒入芋头丝，炸出香味，捞出，沥干油。

❹用油起锅，放入腌渍好的鱼，炸至两面断生后捞出，沥干油。

❺锅底留油烧热，撒上姜丝，爆香，注入清水，放鲫鱼煮沸。

❻盖上盖，用中火煮约6分钟。

❼揭盖，倒入芋头丝、蒜末、枸杞搅匀，再放入蛋液，煮至成形。

❽加入盐、白糖，大火煮2分钟，盛出，装在碗中即可。

❶用油起锅，放入处理好的鲫鱼。

❷注入适量清水。

❸倒入姜片、红腰豆，淋入料酒。

❹加盖，用大火煮15分钟至食材熟透。

红腰豆鲫鱼汤

▌烹饪时间：17分钟 ▌营养功效：增强免疫力

🌶 原料

鲫鱼300克，熟红腰豆150克，姜片少许

🍲 调料

盐2克，料酒适量

制作指导：

鲫鱼要处理干净，把鱼身上的水擦干，这样煮制时不容易掉皮。

❺揭盖，加入盐，煮入味，关火，将煮好的鲫鱼汤装碗即可。

黄花菜鲫鱼汤

▌烹饪时间：4分30秒　▌营养功效：降低血压

🌶 原料

鲫鱼350克，水发黄花菜170克，姜片、葱花各少许

🍲 调料

盐3克，鸡粉2克，料酒10毫升，胡椒粉少许，食用油适量

🍴 做法

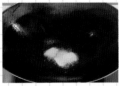

❶锅中注入适量食用油烧热，加入姜片，爆香。

❷放入处理干净的鲫鱼，煎出焦香味。

❸把煎好的鲫鱼盛出，待用。

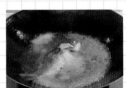

❹锅中倒入适量开水，再放入已经煎好的鲫鱼。

❺淋入少许料酒，加入适量盐、鸡粉、胡椒粉。

❻倒入洗好的黄花菜，搅拌匀。

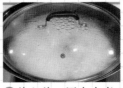

❼盖上盖，用中火煮3分钟。

❽揭开盖，把煮好的鱼汤盛出，装入汤碗中，撒上葱花即可。

做法

❶将洗净的苦瓜对半切开，去瓤，再切成片，待用。

❷用油起锅，放入姜片，爆香，再放入鲫鱼，煎至两面断生。

❸淋上料酒，再注入清水，加入鸡粉、盐，放入苦瓜片。

❹盖上锅盖，用大火煮4分钟左右，至食材熟透。

❺取下锅盖，搅动几下，盛出煮好的汤料，放入碗中即可。

鲫鱼苦瓜汤

┃ 烹饪时间：7分钟 ┃ 营养功效：健脾止泻

原料

净鲫鱼200克，苦瓜150克，姜片少许

调料

盐2克，鸡粉少许，料酒3毫升，食用油适量

制作指导：

煎鲫鱼时，油可以适量多放一点，这样能避免将鱼肉煎老了。

✕ 做法

❶将洗好的豆腐切成条，切成小方块，装入盘中，待用。

❷起油锅，下姜片爆香，放入处理好的鲫鱼，煎至两面断生。

❸放入料酒、清水、盐、鸡粉拌匀，盖上盖，烧开后煮3分钟。

❹揭盖，倒入切好的豆腐、紫菜，加入适量胡椒粉。

❺拌匀，煮2分钟至熟，把鲫鱼汤盛入碗中，撒上葱花即可。

豆腐紫菜鲫鱼汤

▌烹饪时间：7分钟　▌营养功效：清热解毒

🌶 原料

鲫鱼300克，豆腐90克，水发紫菜70克，姜片、葱花各少许

🍲 调料

盐3克，鸡粉2克，料酒、胡椒粉、食用油各适量

制作指导：

煎鲫鱼时，要控制好时间和火候，至鲫鱼呈焦黄色即可。

莲藕葛根红豆鲤鱼汤

▎烹饪时间：132分钟 ▎营养功效：生津止渴

🌶 原料

鲤鱼块450克，莲藕140克，金华火腿35克，水发红豆80克，葛根15克，水发干贝30克

🍲 调料

盐3克，料酒6毫升，食用油适量

🍴 做法

❶将去皮洗净的莲藕切开，再切大块；备好的金华火腿切片。

❷把鱼块放入碗中，加入少许盐、料酒。

❸拌匀，腌渍约10分钟，去除腥味。

❹用油起锅，撒上姜片，爆香，倒入鱼块，煎出香味。

❺注入适量清水，大火略煮，倒入藕块、火腿片，放入葛根。

❻倒入洗净的红豆，撒上备好的干贝，搅散、拌匀。

❼盖上盖，烧开后转小火煮约120分钟，至食材熟透。

❽揭盖，加入盐，煮至入味，关火后盛出，装碗即可。

✖ 做法

①处理干净的鳝鱼斩成小块，备用。

②锅中注水烧热，倒入鳝鱼块，搅散，捞出，沥干水分。

③砂锅注水烧开，放入姜片、红枣、郁金、延胡索，盖盖，煮15分钟。

④揭开盖，倒入鳝鱼，淋入料酒，用小火续煮20分钟。

⑤放入鸡粉、盐，拌匀入味，关火后盛出汤料，装碗即可。

郁金红枣鳝鱼汤

▌烹饪时间：36分钟 ▌营养功效：保肝护肾

🌶 原料

红枣25克，郁金10克，延胡索10克，姜片20克，鳝鱼200克

🍲 调料

鸡粉2克，盐2克，料酒10毫升

制作指导：

切鳝鱼时，可以在鳝鱼肉上切连刀，这样可以切断鳝鱼的筋。

黄芪红枣鳝鱼汤

▌烹饪时间：54分钟 ▌营养功效：益气补血

🌶 原料

鳝鱼肉350克，鳝鱼骨100克，黄芪、红枣、姜片、蒜苗各少许

🍲 调料

盐2克，鸡粉2克，料酒4毫升

🍴 做法

❶洗好的蒜苗切粒；洗净的鳝鱼肉切上网格，切段；鳝鱼骨切成段。

❷锅中注水烧开，倒入鳝鱼骨，汆去血水，捞出。

❸沸水锅中倒入鳝鱼肉，汆去血水，捞出，沥干水分。

❹砂锅中注水烧热，倒入红枣、黄芪、姜片，用大火煮至沸。

❺倒入鳝鱼骨，烧开后用小火煮约30分钟。

❻放入鳝鱼肉，加入盐、鸡粉、料酒，搅拌均匀。

❼盖上盖，用小火煮20分钟至食材入味。

❽揭开盖，撒上蒜苗，拌匀，关火后盛出煮好的汤料即可。

✕ 做法

①将处理干净的鳝鱼切块，加盐、鸡粉、料酒，抓匀，腌渍10分钟。

②汤锅中注入适量清水，烧开，放入洗好的薏米，搅匀。

③盖上盖，烧开后用小火煮20分钟，至薏米熟软。

④揭盖，放入鳝鱼，再加入姜片，盖上盖，用小火续煮15分钟。

⑤揭盖，放入盐、鸡粉，拌匀盛出，装入碗中即可。

薏米鳝鱼汤

▌烹饪时间：36分钟　　▌营养功效：增强免疫力

🌶 原料

鳝鱼120克，水发薏米65克，姜片少许

🍲 调料

盐3克，鸡粉3克，料酒3毫升

制作指导：

可以用适量面粉搓洗鳝鱼，以去除其表面的黏液，这样就不会影响汤汁的口感。

花生瘦肉泥鳅汤

▋烹饪时间：66分钟　▋营养功效：益智健脑

🌶 原料

花生200克，瘦肉300克，泥鳅350克，姜片少许

🍲 调料

盐3克，胡椒粉2克

🍴 做法

❶处理好的瘦肉切成块待用。

❷锅中注入清水烧开，倒入瘦肉，汆去血水。

❸将瘦肉捞出，沥干水分，待用。

❹砂锅中注水烧热，倒入瘦肉、花生、姜片，搅拌片刻。

❺盖上锅盖，烧开后转小火煮1小时。

❻掀开锅盖，倒入处理好的泥鳅。

❼加入盐、胡椒粉，搅匀调味，再续煮5分钟，使食材入味。

❽将煮好的汤盛出，装入碗中即可。

黄芪鲈鱼

▌烹饪时间：33分钟　▌营养功效：保肝护肾

🌶 原料

鲈鱼1条，水发木耳45克，黄芪15克，姜
片25克，葱花少许

🍲 调料

盐3克，鸡粉2克，胡椒粉少许，料酒10毫升

🍴 做法

❶洗好的木耳切小块，备用。

❷砂锅中注入适量的清水，再放入洗净的黄芪。

❸盖上盖，烧开后用小火炖15分钟，至其析出有效成分。

❹用油起锅，倒入姜片，放入处理干净的鲈鱼，煎至金黄色。

❺淋入适量料酒，加入适量清水。

❻倒入砂锅中的药汁，放入木耳。

❼盖上盖，用小火煮15分钟至熟透。

❽揭盖，放入盐、鸡粉、胡椒粉调味，盛出，撒上葱花即可。

❶将荸荠肉切块；洗好的木耳切块；洗净的带鱼切块。

❷煎锅注油烧热，放入带鱼块，煎至两面焦黄，盛出装盘。

❸砂锅中注水烧开，倒入荸荠肉、木耳，炖15分钟。

❹放入姜片、料酒、煎好的带鱼，加盐，盖盖，炖10分钟。

❺揭盖，加入鸡粉、胡椒粉，拌匀装碗，撒上葱花即成。

荸荠木耳煲带鱼

▌烹饪时间：27分钟　　▌营养功效：生津止渴

原料

荸荠肉100克，水发木耳30克，带鱼110克，姜片、葱花各少许

调料

盐2克，鸡粉2克，料酒、胡椒粉、食用油各适量

制作指导：

带鱼入锅煎之前，可以加料酒腌渍片刻，能更好地去腥提味。

固肾补腰鳗鱼汤

▌烹饪时间：36分钟　▌营养功效：保肝护肾

🌶 原料

黄芪6克，五味子3克，补骨脂6克，陈皮2克，鳗鱼400克，猪瘦肉300克，姜片15克

🍲 调料

盐2克，鸡粉2克，料酒8毫升，食用油适量

🍴 做法

❶洗好的猪瘦肉切成片，再切条，改切成丁，备用。

❷热锅注油，烧至六成热，倒入洗净的鳗鱼，炸至金黄色。

❸将炸好的鳗鱼捞出，沥干油，备用。

❹砂锅中注水烧开，倒入洗净的药材、瘦肉丁、姜片，搅匀。

❺盖上盖，烧开后用小火煮20分钟，至药材析出有效成分。

❻揭盖，倒入炸好的鳗鱼，淋入料酒。

❼盖上盖，续煮15分钟，至食材熟透。

❽揭盖，加入鸡粉、盐调味，关火后盛出，装碗即可。

当归鳗鱼汤

| 烹饪时间：32分钟 | 营养功效：益智健脑

原料

鳗鱼块400克，姜片20克，当归、黄芪各10克，枸杞8克

调料

盐3克，鸡粉2克，胡椒粉少许，食用油适量

制作指导：

鳗鱼可先用少许水淀粉挂浆，这样能避免将其炸老了。

做法

❶ 热锅注油，烧至五六成热，放入洗净的鳗鱼块，搅拌匀。

❷ 用中火略炸，至鱼肉呈金黄色，捞出炸好的材料，沥干油。

❸ 砂锅注水烧开，倒姜片、当归、黄芪、枸杞、鳗鱼，盖盖，炖30分钟。

❹ 揭盖，加入少许盐、鸡粉，撒上适量胡椒粉调味。

❺ 搅拌匀，续煮一会儿，至汤汁入味后盛出，装入碗中即成。

✖ 做法

① 用油起锅，倒入洗好的生鱼块，煎出焦香味。

② 把煎好的鱼块盛出，装盘备用。

③ 砂锅中注入清水烧开，放入姜片，倒入生鱼块，淋入料酒。

④ 盖上盖，用小火煮30分钟至食材熟透。

⑤ 揭盖，放入盐、鸡粉拌匀，关火后盛出煮好的汤料，装碗即可。

党参生鱼汤

▮ 烹饪时间：31分钟　▮ 营养功效：保肝护肾

🌶 原料

生鱼350克，党参20克，姜片10克

🍲 调料

盐2克，鸡粉2克，料酒适量

制作指导：

汤中可以放一点瘦肉一起煮，这样汤汁的口感更佳。

芋头海带鱼丸汤

❚ 烹饪时间：27分钟 ❚ 营养功效：开胃消食

🌶 原料

芋头120克，鱼肉丸160克，水发海带丝110克，姜片、葱花各少许

🍲 调料

盐、鸡粉各少许，料酒4毫升

🍴 做法

❶将去皮洗净的芋头切厚片，再切条形，改切成丁。

❷洗好的鱼丸切上十字花刀，备用。

❸砂锅中注入适量清水烧开，倒入切好的芋头，拌匀。

❹盖上盖，烧开后用小火煮约15分钟，至食材断生。

❺盖上盖，倒入切好的鱼丸，放入洗净的海带丝。

❻淋入适量料酒，撒上备好的姜片，搅拌均匀。

❼再盖上盖，用中小火续煮约10分钟至食材熟透。

❽揭盖，加入盐、鸡粉，拌匀，关火后盛出，点缀上葱花即成。

✕ 做法

① 洗净的鱼丸对半切开，打上花刀。

② 热锅注油，倒入姜片、葱段，爆香。

③ 注入适量清水，倒入切好的鱼丸，放入洗好的黄花菜。

④ 加入盐、鸡粉，拌匀，加盖，用大火煮2分钟至熟。

⑤ 揭盖，放入洗净的菜心、胡椒粉、芝麻油，拌匀盛出即可。

黄花菜鱼丸汤

▌烹饪时间：4分钟 ▌营养功效：清热解毒

🌶 原料

鱼丸200克，水发黄花菜150克，菜心100克，姜片、葱段各少许

🍲 调料

盐、鸡粉、胡椒粉各1克，芝麻油5毫升，食用油适量

制作指导：

鱼丸本身有鲜味，可不放鸡粉；若使用鲜黄花菜，一定要将其煮熟，以免中毒。

鲜虾豆腐煲

▌烹饪时间：43分钟　▌营养功效：开胃消食

🌶 原料

豆腐160克，虾仁65克，上海青85克，咸肉75克，
干贝25克，姜片、葱段各少许，高汤350毫升

🍲 调料

盐2克，鸡粉少许，料酒5毫升

🍴 做法

❶洗净的虾仁切开，
去虾线；上海青切瓣；
豆腐切块；咸肉切片。

❷锅中注入水烧开，倒
入上海青，煮至断
生，捞出，沥干水分。

❸沸水锅中再倒入咸肉
片，淋入料酒，煮约1分
钟，捞出，沥干水分。

❹砂锅置火上，倒入
高汤、洗净的干贝、肉
片、姜片、葱段、料酒。

❺盖上盖，烧开后用
小火煮约30分钟，至
食材变软。

❻揭盖，加入盐、鸡
粉、切好的虾仁、豆
腐块，拌匀。

❼再盖上盖，用小火
续煮约10分钟，至食
材熟透。

❽关火后揭盖，搅拌
匀，放入焯熟的上海
青，端下砂锅即成。

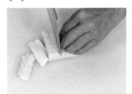

❶将洗净的豆腐切成
厚片。

❷锅中注水烧开，倒
入洗净的濑尿虾，略
煮捞出，装入盘中。

❸锅中注水烧开，倒
入濑尿虾、姜片、豆
腐，拌匀，煮5分钟。

❹加入粉丝，拌匀，
煮至粉丝熟软。

❺加入盐、鸡粉，拌
匀，关火后盛出，装
盘，撒上葱花即可。

✗ 做法

濑尿虾粉丝煮豆腐

▌烹饪时间：7分钟　▌营养功效：益气补血

🌶 原料

粉丝15克，豆腐200克，濑尿虾300
克，姜片、葱花各少许

🍲 调料

盐2克，鸡粉3克

制作指导：

粉丝的吸水性较强，因
此煮本道汤的时候水可
以多放些。

草菇虾米干贝汤

烹饪时间：5分钟 | **营养功效：保肝护肾**

原料

草菇150克，虾米35克，干贝20克，姜丝、葱花各少许

调料

鸡粉、盐各2克，食用油适量

做法

①锅中注入适量清水烧开，倒入洗净切好的草菇。

②搅拌均匀，煮约1分钟，捞出草菇。

③将焯煮好的草菇过一下清水，装盘。

④热锅注入适量食用油，放入姜丝、干贝、虾米。

⑤倒入焯过水的草菇，翻炒均匀。

⑥锅中加入适量清水，搅拌匀。

⑦放入鸡粉、盐，搅拌均匀，煮约3分钟，搅拌均匀。

⑧将煮好的汤料盛出，装入碗中，撒上葱花即可。

花蟹冬瓜汤

▌烹饪时间：8分钟　▌营养功效：降压降糖

🌶 原料

花蟹1只，冬瓜100克，姜片、葱花各少许

🍲 调料

盐、鸡粉各2克，胡椒粉少许，料酒5毫升，食用油适量

🍴 做法

❶将洗净的花蟹切开，去除内脏，再切成小块，待用。

❷洗净去皮的冬瓜切成片。

❸用油起锅，放入姜片，爆香，倒入冬瓜片，翻炒一会儿。

❹倒入花蟹，再淋入料酒，炒香炒透。

❺注入适量清水，搅拌几下。

❻盖盖，用中火煮约5分钟，至食材熟透。

❼揭盖，加入盐、鸡粉、胡椒粉，拌匀，再煮片刻至入味。

❽关火后盛出煮好的冬瓜汤，放在碗中，撒上葱花即可。

蟹肉苦瓜羹

| 烹饪时间：5分钟 | 营养功效：清热解毒

原料

螃蟹2只，苦瓜200克，姜丝少许，高汤适量

调料

盐、鸡粉各2克，水淀粉8毫升，食用油适量

制作指导：

可用刷子来刷洗螃蟹，这样更易将螃蟹上的脏污清除干净。

❶洗净去瓤的苦瓜切成片；处理好的螃蟹切成小块，备用。

❷用油起锅，放入姜丝，爆香，倒入清水，加高汤，煮沸。

❸倒入螃蟹、苦瓜，拌匀，用小火煮约3分钟至食材熟透。

❹放入盐、鸡粉，拌匀调味。

❺倒入水淀粉，翻炒匀，关火后盛出煮好的汤料，装碗即可。

干贝花蟹白菜汤

▌烹饪时间：4分30秒　▌营养功效：开胃消食

🌶 原料

花蟹块150克，水发干贝25克，白菜65克，姜片、葱花各少许

🍲 调料

盐、鸡粉各少许

🍴 做法

❶将洗净的白菜切成小段。

❷洗好的干贝碾成碎末，待用。

❸锅中注入适量清水烧热。

❹倒入备好洗净的花蟹块。

❺撒上干贝末，放入姜片，拌匀，用大火煮约3分钟。

❻放入切好的白菜，拌匀，撇去浮沫。

❼加入少许盐、鸡粉，拌匀，再煮一会儿至食材熟透。

❽关火后盛出煮好的汤料，装入碗中，撒上葱花即成。

虫草海马小鲍鱼汤

🥘 烹饪时间：62分钟　|　营养功效：养心润肺

🌶 原料

瘦肉150克，鸡肉200克，小鲍鱼70克，海马10克，冬虫夏草2克

🍲 调料

盐、鸡粉各2克，料酒5毫升

制作指导：

汆煮鸡肉和瘦肉时，可以加入适量料酒和姜片，这样能有效去腥。

🍴 做法

❶ 将洗净的瘦肉切开，再切粗条，改切成大块。

❷ 沸水锅中倒入切好的鸡肉，汆去血水，捞出装盘。

❸ 沸水锅中倒入切好的瘦肉，汆去血水，捞出。

❹ 砂锅注水，倒海马、小鲍鱼、鸡肉、瘦肉、料酒，盖盖，煮1小时。

❺ 揭盖，加入盐、鸡粉，拌匀，关火后盛出，装入碗中即可。

椰子鲍鱼排骨汤

▍烹饪时间：62分钟　▍营养功效：开胃消食

🌶 原料

排骨段200克，小鲍鱼165克，椰子肉150克，薏米30克，姜片、葱段各少许

🍲 调料

盐、鸡粉各2克，料酒8毫升

🍴 做法

①将洗净的小鲍鱼切取鲍鱼肉，去除内脏，备用。

②锅中注入清水烧开，倒入处理干净的小鲍鱼。

③淋入适量料酒，拌匀，去除腥味，捞出，沥干水分。

④沸水锅中倒入洗净的排骨段、料酒，汆去血渍，捞出。

⑤砂锅中注水烧热，倒入洗净的薏米、排骨、姜片、葱段。

⑥倒入小鲍鱼，淋入料酒，倒入洗净的椰子肉，拌匀。

⑦盖上盖，烧开后用小火煮约1小时，至食材熟透。

⑧揭盖，加入盐、鸡粉，拌匀略煮，盛出装碗即成。

佛手瓜扇贝鲜汤

| 烹饪时间：8分钟　| 营养功效：降低血压

🌶️ 原料

佛手瓜块100克，扇贝40克，姜丝、葱花各少许

🍲 调料

盐2克，鸡粉2克，胡椒粉、芝麻油、食用油各适量

制作指导：

清洗扇贝贝壳时可以用刷子刷，这样更易清除干净。

🍴 做法

❶锅中注入适量的清水烧开，倒入少许食用油，搅拌均匀。

❷依次将扇贝、佛手瓜、姜丝倒入锅中，搅拌均匀。

❸盖上锅盖，煮5分钟至食材熟透。

❹揭盖，放入芝麻油、胡椒粉、鸡粉、盐调味。

❺将煮好的汤料盛出，装入碗中，撒上葱花即可。

做法

① 锅中注入适量的清水烧开，放入豆腐块，煮2分钟，捞出。

② 另起锅注水烧开，倒入白玉菇、扇贝、姜片、豆腐，搅匀。

③ 加入适量的食用油，盖上锅盖，煮5分钟至食材熟透。

④ 揭开锅盖，加入鸡粉、胡椒粉、盐，搅拌均匀。

⑤ 将煮好的汤料盛出，装入碗中，撒上葱花即可。

豆腐白玉菇扇贝汤

■ 烹饪时间：7分钟　　■ 营养功效：美容养颜

原料
豆腐块30克，白玉菇段30克，扇贝40克，姜片、葱花各少许

调料
盐2克，鸡粉2克，胡椒粉、食用油各适量

制作指导：

贝类本身极富鲜味，烹制时不宜多放盐，以免鲜味反失。

当归黄芪响螺鸡汤

▌烹饪时间：3小时　▌营养功效：增强免疫力

🌶️ 原料

乌鸡块400克，水发螺片50克，红枣30克，当归15克，黄芪15克，姜片少许

🍲 调料

盐2克

🍴 做法

❶洗净的螺片切块。

❷锅中注入适量清水烧开，放入乌鸡块，汆煮片刻。

❸关火后捞出汆煮好的乌鸡，沥干水分，装入盘中备用。

❹砂锅注水，倒入乌鸡、螺片、姜片、当归、黄芪、红枣，拌匀。

❺加盖，用大火煮开后转小火煮3小时至食材熟软。

❻揭盖，加入盐。

❼搅拌均匀至入味。

❽关火后将煮好的鸡汤盛出，装入碗中即可食用。

🍴 做法

❶ 将洗净的螺片用斜刀切片。

❷ 砂锅中注水，倒入蜜枣、甜杏仁、螺片、海底椰、姜片。

❸ 淋入少许料酒。

❹ 加盖，小火煮30分钟至析出有效成分。

❺ 揭盖，加入盐调味，关火，盛出煮好的汤，装碗即可。

海底椰响螺汤

▍烹饪时间：32分钟　　▍营养功效：美容养颜

🌶 原料

鲜海底椰300克，水发螺片200克，甜杏仁10克，蜜枣3颗，姜片少许

🍲 调料

盐2克，料酒适量

制作指导：

因为螺片形状不规则，所以用横刀切片为宜。

双雪莲子炖响螺

┃烹饪时间：43分钟 ┃营养功效：养心润肺

🌶 原料

雪梨200克，水发银耳250克，水发螺片50克，瘦肉15克，熟
薏米15克，鲜莲子10克，水发干贝10克，蜜枣10克

🍲 调料

料酒5毫升

🍴 做法

❶洗净的雪梨去皮，
切开去核，切块；洗
好的螺片斜刀切片。

❷洗净的银耳撕成小
朵；洗好的瘦肉切粗
条，改切小丁。

❸砂锅中注水，倒入
瘦肉、薏米。

❹加入蜜枣、螺肉片。

❺放入泡好的干贝、
洗净的莲子。

❻倒入切好的雪梨、
银耳，加入料酒，搅
拌均匀。

❼加盖，用大火煮40
分钟至入味。

❽揭盖，搅拌一下，
关火后盛出煮好的
汤，装碗即可。

✗ 做法

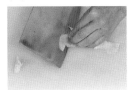

①洗好的螺片用斜刀切成片，待用。

②锅中注水烧热，倒入洗净的排骨、料酒，汆去血水，捞出。

③砂锅中注水烧热，倒入排骨、玉竹、枸杞、红枣、杏仁。

④放入螺片、料酒拌匀，盖盖，烧开后转中火煮40分钟。

⑤揭盖，倒入人参片、枸杞略煮，加盐调味，盛入碗中即可。

人参螺片汤

| 烹饪时间：42分钟 | 营养功效：开胃消食

🥄 原料

排骨400克，水发螺片20克，红枣10克，枸杞5克，玉竹5克，北杏仁8克，人参片少许

🍲 调料

盐2克，料酒10毫升

制作指导：

排骨炖煮的时间较长，因此排骨汆水的时间不宜太长。

橄榄螺片汤

▌烹饪时间：47分钟　▌营养功效：清热解毒

🌶️ 原料

田螺肉120克，猪瘦肉75克，青橄榄30克，姜片、葱段各少许，鸡汤350毫升

🍲 调料

盐、鸡粉各2克，料酒6毫升

🍴 做法

❶将洗净的猪瘦肉切片，再切细丝。

❷锅中注入适量清水，大火烧开，放入切好的肉丝，搅散。

❸淋入料酒，煮约1分钟，氽去血水，捞出肉丝，沥干水分。

❹取一个炖盅，倒入氽过水的肉丝，放入洗好的田螺肉。

❺倒入洗净的青橄榄，撒上姜片、葱段，注入鸡汤。

❻蒸锅上火烧开，放入炖盅，加入少许盐、鸡粉。

❼淋入少许料酒，拌匀，盖好盅盖。

❽再盖上盖，用小火炖45分钟，关火后揭盖，取出炖盅即可。

✖ 做法

❶洗好的猴头菇用手撕成小朵；洗净的瘦肉切成大块。

❷沸水锅中放入瘦肉、料酒，氽去血水，捞出；再放排骨，略煮捞出。

❸砂锅中注水，倒入瘦肉、排骨、桂圆肉、螺肉、猴头菇。

❹加入料酒，拌匀，盖上盖，用大火煮开后转小火煮1小时。

❺揭盖，加入盐、鸡粉拌匀，关火后盛出，装入碗中即可。

猴头菇螺肉汤

▌烹饪时间：62分钟　　▌营养功效：降低血脂

🌶 原料

瘦肉300克，排骨300克，水发猴头菇80克，螺肉30克，桂圆肉5克

🍲 调料

盐、鸡粉各2克，料酒10毫升

制作指导：

煮汤中途不宜再加水，以免影响汤的口感。

杏鲍菇黄豆芽蛏子

▌烹饪时间：3分钟 ▌营养功效：降低血压

🌶 **原料**

杏鲍菇100克，黄豆芽90克，蛏子400克，姜片、葱花各少许

🍲 **调料**

盐3克，鸡粉2克，食用油适量

🍴 **做法**

①洗净的杏鲍菇对半切开，切成段，再切成片，备用。

②用油起锅，放入姜片，爆香，加入洗净的黄豆芽，翻炒匀。

③倒入切好的杏鲍菇，略炒片刻。

④锅中倒入适量的清水，盖上盖子，煮至沸腾。

⑤揭开盖子，放入处理好的蛏子，拌匀，煮一会儿。

⑥加入适量盐、鸡粉，拌匀调味。

⑦盖上盖，用中火煮2分钟。

⑧揭开盖，把煮好的汤料盛出，装入汤碗中，撒上葱花即可。

百合枸杞煲蛏子

 烹饪时间：5分30秒 ┃ 营养功效：降低血糖

🌶 原料

蛏子200克，鲜百合20克，枸杞10克，姜片、葱花各少许

🍲 调料

盐2克，鸡粉2克，料酒3毫升，食用油适量

🍴 做法

❶锅中注水烧开，倒入洗净的蛏子，搅匀，氽煮一会儿。

❷捞出氽煮好的蛏子，待用。

❸用油起锅，放入姜片，炒出香味。

❹淋入料酒提鲜，倒入适量清水。

❺放入洗净的枸杞、百合，盖上盖，煮至汤汁沸腾。

❻揭开盖，倒入氽过水的蛏子，加入适量盐、鸡粉，拌匀。

❼盖上盖，用小火焖4分钟。

❽揭开盖，撇去浮沫，撒入葱花，搅匀，盛出即可。

❶ 锅中注入清水烧开，倒入洗净切好的冬瓜片，加入姜片。

❷ 盖上盖，煮5分钟。

❸ 揭开盖，倒入洗好的蛏子，搅拌匀。

❹ 再盖上盖，续煮约5分钟，至食材熟透。

至味蛏子汤

▎烹饪时间：12分钟　▎营养功效：清热解毒

🌶 原料

蛏子120克，冬瓜片180克，姜片、葱花各少许

🍲 调料

盐、鸡粉、胡椒粉各2克，食用油适量

制作指导：

在冬瓜块上切上花刀，这样冬瓜更容易入味。

❺ 揭盖，加入鸡粉、胡椒粉、食用油，拌匀盛出，撒上葱花即可。

苦瓜蛏子汤

烹饪时间：9分钟 | **营养功效：降压降糖**

🌶️ 原料

蛏子250克，苦瓜130克，姜丝少许

🍲 调料

盐8克，鸡粉2克，食用油适量

🍴 做法

①洗净的蛏子放入碗中，加入5克盐，再注入清水，浸泡片刻。

②沸水锅放入蛏子，煮约3分钟至壳张开，捞出，放入清水中洗净。

③洗净的苦瓜去瓤切片，放入碗中，加入盐，拌至其变软。

④再注入适量清水，浸泡一会儿，捞出，沥干水，放在盘中。

⑤锅中注水烧开，倒入食用油，撒入姜丝、苦瓜，煮3分钟。

⑥倒入处理好的蛏子，搅拌匀，再加入盐、鸡粉，搅拌匀。

⑦煮约2分钟，至全部食材熟透。

⑧关火后盛出煮好的蛏子汤，装在碗中即可食用。

双菇蛤蜊汤

▌烹饪时间：4分钟 ▐ 营养功效：清热解毒

原料

蛤蜊150克，白玉菇段、香菇块各100克，姜片、葱花各少许

调料

鸡粉、盐、胡椒粉各2克

制作指导：

白玉菇味道比较鲜美，可少加或不加鸡粉，以免抢了其鲜味。

✕ 做法

❶ 锅中注入适量清水烧开，倒入洗净切好的白玉菇、香菇。

❷ 倒入备好的蛤蜊、姜片，搅拌均匀。

❸ 盖上盖，煮2分钟。

❹ 揭开盖，放入鸡粉、盐、胡椒粉，拌匀调味。

❺ 盛出煮好的汤料，装入碗中，撒上葱花即可。

①锅中注入适量食用油，再放入备好的姜片，爆香。

②倒入蛤蜊肉，翻炒均匀，淋入适量料酒，炒匀。

③向锅中加入适量清水，拌匀，煮2分钟。

④放入粉丝，拌匀，加入鸡粉、盐、胡椒粉、小白菜，煮熟。

⑤加入三花淡奶，搅拌均匀，盛出煮好的汤料，装碗即可。

小白菜蛤蜊汤

■烹饪时间：5分钟　　■营养功效：开胃消食

原料

小白菜段60克，蛤蜊肉80克，水发粉丝30克，姜片少许

调料

鸡粉、盐、胡椒粉各2克，料酒4毫升，三花淡奶少许，食用油适量

制作指导：

小白菜煮的时间不宜过长，以免降低小白菜的营养价值。

白玉菇花蛤汤

▌烹饪时间：4分钟　▌营养功效：增强免疫力

🌶 原料

白玉菇90克，花蛤260克，荷兰豆70克，胡萝卜40克，姜片、葱花各少许

🍲 调料

盐2克，鸡粉2克，食用油适量

🍴 做法

❶洗净的白玉菇切成小段。

❷洗净去皮的胡萝卜切上花刀，改切成片，待用。

❸将花蛤逐一切开，放入碗中，用清水清洗干净。

❹锅中注入适量清水烧开，放入姜片。

❺倒入洗净的花蛤、切好的白玉菇，拌匀，盖盖，煮2分钟。

❻揭开盖子，放入少许盐、鸡粉，淋入适量食用油。

❼加入胡萝卜片，倒入洗净的荷兰豆，搅拌匀，煮1分钟。

❽关火后盛出煮好的汤料，装入汤碗中，撒上葱花即可。

黄豆蛤蜊豆腐汤

▌烹饪时间：30分钟 ▌营养功效：降低血压

🌶 原料

水发黄豆95克，豆腐200克，蛤蜊200克，姜片、葱花各少许

🍲 调料

盐2克，鸡粉、胡椒粉各适量

🍴 做法

❶洗净的豆腐切成条，再切成小方块。

❷将蛤蜊打开，洗净，备用。

❸锅中注水烧开，倒入洗净的黄豆。

❹盖上盖，用小火煮20分钟，至其熟软。

❺揭盖，倒入豆腐、蛤蜊，放入姜片。

❻加入适量盐、鸡粉，搅匀调味。

❼盖上盖，用小火煮8分钟，至食材熟透。

❽揭盖，撒入胡椒粉，拌匀，关火后盛出，撒上葱花即可。

川贝蛤蚧杏仁瘦肉汤

■ 烹饪时间：182分钟　■ 营养功效：增强免疫力

原料

川贝20克，甜杏仁20克，蛤蚧1只，瘦肉块200克，海底椰15克，陈皮5克，姜片少许

调料

盐2克

制作指导：

陈皮可以放入清水中泡软后再烹饪，能更有效地析出药性。

✕ 做法

❶ 锅中注入适量清水烧开，倒入瘦肉块，汆煮片刻。

❷ 关火后捞出汆煮好的瘦肉块，沥干水分，装盘待用。

❸ 砂锅注水，下瘦肉、蛤蚧、甜杏仁、陈皮、海底椰、川贝、姜片。

❹ 加盖，大火煮开转小火煮3小时至有效成分析出。

❺ 揭盖，加入盐调味，关火盛出煮好的汤，装碗即可。

❌ 做法

① 锅中注入适量的清水烧开，倒入白萝卜、姜丝。

② 放入生蚝肉，搅拌均匀。

③ 淋入少许的食用油、料酒，搅匀。

④ 盖上锅盖，焖煮5分钟至食材熟透。

⑤ 揭盖，放芝麻油、胡椒粉、鸡粉、盐拌匀，盛出后撒葱花即可。

白萝卜生蚝汤

▌烹饪时间：6分30秒　▌营养功效：益智健脑

🌶 原料

白萝卜丝30克，生蚝肉40克，姜片、葱花各少许

🍲 调料

料酒10毫升，盐2克，鸡粉2克，芝麻油、胡椒粉、食用油各适量

制作指导：

生蚝入锅煮之前，可将其放入淡盐水中浸泡，以使其吐尽泥沙。

生蚝豆腐汤

|烹饪时间：3分钟　|营养功效：补钙

🌶 **原料**

豆腐200克，生蚝肉120克，鲜香菇40克，姜片、葱花各少许

🍲 **调料**

盐3克，鸡粉、胡椒粉各少许，料酒4毫升，食用油适量

🍴 **做法**

①将洗净的香菇切成粗丝；洗好的豆腐切开，再切成小方块。

②锅中注水烧开，加入少许盐、豆腐块，煮约半分钟，捞出。

③倒入洗好的生蚝肉，拌煮至其断生，捞出，沥干水分。

④用油起锅，放入姜片，爆香，再倒入香菇丝，翻炒匀。

⑤放入生蚝肉，翻炒几下，淋入料酒，炒香，注入清水。

⑥盖上盖，用大火煮至汤汁沸腾，取下盖子，倒入豆腐块。

⑦加入盐、鸡粉，拌匀调味，待汤汁沸腾时撒上少许胡椒粉。

⑧煮至食材入味，关火后盛出煮好的豆腐汤，撒上葱花即成。

淡菜海带冬瓜汤

▌烹饪时间：42分钟 ▌营养功效：降低血压

🌶 原料

冬瓜300克，海带200克，水发淡菜150克，姜丝、葱花各少许

🍲 调料

盐、鸡粉各2克，料酒4毫升

🍴 做法

❶将洗净去皮的冬瓜切小块，改切成片；洗好的海带切块。

❷砂锅中注水烧开，倒入洗净的淡菜、姜丝、料酒。

❸盖上盖，煮沸后用小火煮约20分钟，至淡菜变软。

❹揭盖，倒入冬瓜片，放入切好的海带，搅拌匀。

❺盖上盖，用小火续煮约20分钟，至食材熟透。

❻取下盖子，再加入少许盐、鸡粉，搅匀调味。

❼用大火再煮片刻，至汤汁入味。

❽关火后盛出煮好的冬瓜汤，装入汤碗中，撒上葱花即成。

❶洗净去皮的白萝卜切块；洗净的豆腐切块；洗净的香菜切段。

❷砂锅中注水烧开，放入洗净的淡菜、萝卜块、姜丝、料酒。

❸盖上盖，煮沸后用小火煮约20分钟，至萝卜块熟软。

❹揭盖，放入洗净的枸杞、豆腐块，加入盐、鸡粉，煮5分钟。

❺揭盖，淋入食用油，续煮片刻，盛出，撒上香菜即成。

淡菜萝卜豆腐汤

▌烹饪时间：27分钟 ▌营养功效：降低血压

🌶 原料

豆腐200克，白萝卜180克，水发淡菜100克，香菜、枸杞、姜丝各少许

🍲 调料

盐、鸡粉各2克，料酒4毫升，食用油少许

制作指导：

调味时转大火，既可缩短烹饪时间，又能使汤汁更入味。

花胶海参佛手瓜乌鸡汤

烹饪时间：182分钟 | **营养功效：保肝护肾**

🌶 原料

乌鸡块300克，水发海参90克，佛手瓜150克，水发花胶40克，核桃仁30克，水发干贝20克

🍲 调料

盐2克

🍴 做法

❶洗净的花胶切段。

❷将洗好的海参对半切开。

❸洗净的佛手瓜去籽，切块。

❹锅中注入适量清水烧开，倒入乌鸡块，汆煮片刻。

❺关火后捞出汆煮好的乌鸡块，沥干水分，装盘待用。

❻砂锅中注水，倒入乌鸡块、花胶、海参、佛手瓜、核桃仁、干贝。

❼盖上盖，用大火煮开后转小火煮3小时至食材熟透。

❽揭盖，加入盐调味，关火，盛出煮好的汤，装碗即可。

枸杞海参汤

▌烹饪时间：61分钟 ▌营养功效：增强免疫力

🌶 原料

海参300克，香菇15克，枸杞10克，姜片、葱花各少许

🍲 调料

盐2克，鸡粉2克，料酒5毫升

制作指导：

熬制本汤的时间比较长，可以多加一点水，以免煳锅。

🍴 做法

❶砂锅注入适量的清水，用大火烧热。

❷放入海参、香菇、枸杞、姜片。

❸淋入少许的料酒，搅拌片刻。

❹盖上锅盖，煮开后转小火煮1小时至食材熟透。

❺揭盖，加入盐、鸡粉，搅拌匀，关火盛出，撒上葱花即可。

✖ 做法

❶砂锅中注入适量清水烧开，倒入姜片。

❷放入红参、淮山、桂圆肉、枸杞。

❸再倒入洗净的甲鱼块，淋入少许料酒。

❹盖上锅盖，用小火煮约1小时至其熟软。

❺揭盖，加入盐、鸡粉，拌匀调味，盛出装碗即可。

红参淮杞甲鱼汤

▌烹饪时间：62分钟　　▌营养功效：增强免疫力

🌶 原料

甲鱼块800克，桂圆肉8克，枸杞5克，红参3克，淮山2克，姜片少许

🍲 调料

盐2克，鸡粉2克，料酒4毫升

制作指导：

甲鱼可先氽水，这样能减轻其腥味。

灵芝煎甲鱼

| 烹饪时间：62分钟 | 营养功效：益气补血

🌶 原料

甲鱼块450克，灵芝、火腿、姜片各少许

🍲 调料

盐、鸡粉各2克，料酒15毫升

🍴 做法

①锅中注入适量清水烧开，倒入甲鱼块，拌匀，汆去血渍。

②淋入少许料酒，捞出汆好的材料，沥干水分，装盘待用。

③用油起锅，倒入甲鱼块，炒干水汽。

④淋入适量料酒，炒香，关火后盛出甲鱼块，待用。

⑤砂锅中注入适量清水烧开，放入灵芝、火腿、姜片。

⑥倒入甲鱼块，淋入适量料酒，搅拌匀。

⑦盖上盖，烧开后用小火煮约1小时至食材熟透。

⑧揭盖，加入盐、鸡粉，拌匀调味，关火后盛出即可。

人参核桃甲鱼汤

▌烹饪时间：63分钟 ▌营养功效：增强免疫力

🌶 原料

甲鱼500克，核桃20克，人参8克，五味子8克，甘草3克，淮山3克，杏仁10克，陈皮、葱段、姜片少许

🍲 调料

料酒10毫升，盐2克，鸡粉2克，胡椒粉少许

🍴 做法

①锅中注水烧开，倒入洗好的甲鱼，放入葱段，淋入料酒。

②搅拌匀，汆去血水，捞出汆煮好的甲鱼，装盘，备用。

③砂锅中注入适量清水烧开，放入准备好的姜片和药材。

④倒入汆过水的甲鱼，淋入少许料酒。

⑤盖上盖，用小火煮1小时至食材熟透。

⑥揭盖，加入少许盐、鸡粉、胡椒粉。

⑦用勺子搅拌均匀，至食材完全入味。

⑧关火后盛出煮好的汤料，装入碗中即可。